QING SHAO NIAN KE XUE TAN SUO YING

青少年科学探索

科学发现跟踪

余海文 编著　丛书主编 郭艳红

异度：异度世界的曝光

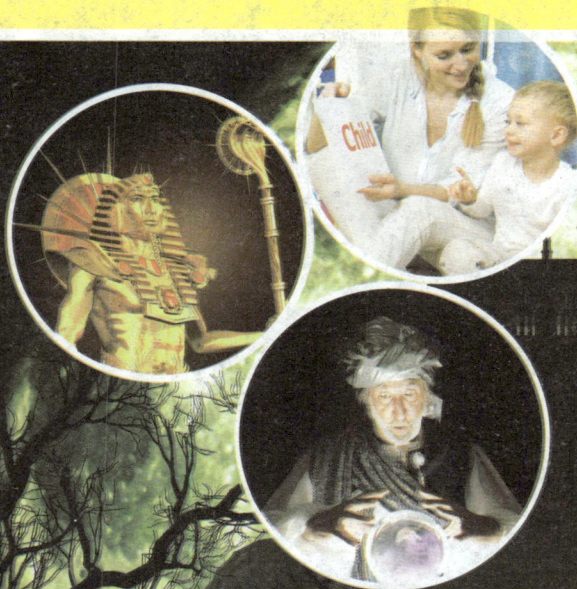

Child

汕头大学出版社

图书在版编目（CIP）数据

异度：异度世界的曝光 / 余海文编著. -- 汕头：
汕头大学出版社，2015.3（2020.1重印）
　（青少年科学探索营 / 郭艳红主编）
ISBN 978-7-5658-1702-1

Ⅰ. ①异… Ⅱ. ①余… Ⅲ. ①科学知识－青少年读物
Ⅳ. ①Z228.2

中国版本图书馆CIP数据核字(2015)第028191号

异度：异度世界的曝光　　　　YIDU：YIDU SHIJIE DE BAOGUANG

编　　著：余海文
丛书主编：郭艳红
责任编辑：邹　峰
封面设计：大华文苑
责任技编：黄东生
出版发行：汕头大学出版社
　　　　　广东省汕头市大学路243号汕头大学校园内　邮政编码：515063
电　　话：0754-82904613
印　　刷：三河市燕春印务有限公司
开　　本：700mm×1000mm　1/16
印　　张：7
字　　数：50千字
版　　次：2015年3月第1版
印　　次：2020年1月第2次印刷
定　　价：29.80元
ISBN 978-7-5658-1702-1

前言

　　科学探索是认识世界的天梯，具有巨大的前进力量。随着科学的萌芽，迎来了人类文明的曙光。随着科学技术的发展，推动了人类社会的进步。随着知识的积累，人类利用自然、改造自然的的能力越来越强，科学越来越广泛而深入地渗透到人们的工作、生产、生活和思维等方面，科学技术成为人类文明程度的主要标志，科学的光芒照耀着我们前进的方向。

　　因此，我们只有通过科学探索，在未知的及已知的领域重新发现，才能创造崭新的天地，才能不断推进人类文明向前发展，才能从必然王国走向自由王国。

　　但是，我们生存世界的奥秘，几乎是无穷无尽，从太空到地球，从宇宙到海洋，真是无奇不有，怪事迭起，奥妙无穷，神秘莫测，许许多多的难解之谜简直不可思议，使我们对自己的生命现象和生存环境捉摸不透。破解这些谜团，有助于我们人类社会向更高层次不断迈进。

　　其实，宇宙世界的丰富多彩与无限魅力就在于那许许多多的难解之谜，使我们不得不密切关注和发出疑问。我们总是不断地去认识它、探索它。虽然今天科学技术的发展日新月异，达到了很高程度，但对于那些奥秘还是难以圆满解答。尽管经过古今中外许许多多科学先驱不断奋斗，一个个奥秘被不断解开，推进了科学技术大发展，但随之又发现了许多新的奥秘，又不得不向新问题发起挑战。

宇宙世界是无限的，科学探索也是无限的，我们只有不断拓展更加广阔的生存空间，破解更多的奥秘现象，才能使之造福于我们人类，我们人类社会才能不断获得发展。

为了普及科学知识，激励广大青少年认识和探索宇宙世界的无穷奥妙，根据中外最新研究成果，编辑了这套《青少年科学探索营》，主要包括基础科学、奥秘世界、未解之谜、神奇探索、科学发现等内容，具有很强系统性、科学性、可读性和新奇性。

本套作品知识全面、内容精炼、图文并茂，形象生动，能够培养我们的科学兴趣和爱好，达到普及科学知识的目的，具有很强的可读性、启发性和知识性，是我们广大青少年读者了解科技、增长知识、开阔视野、提高素质、激发探索和启迪智慧的良好科普读物。

目　录

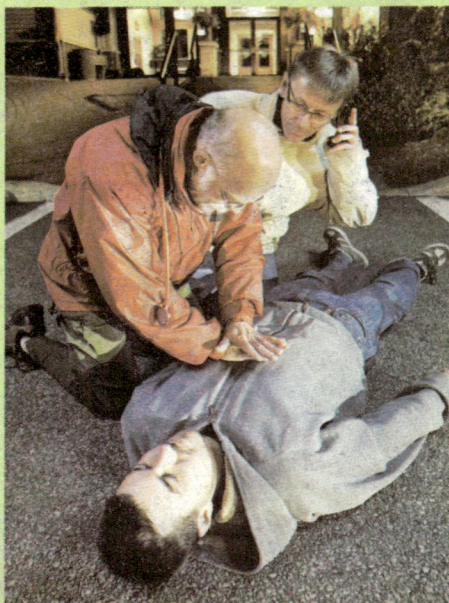

伦敦塔内的鬼魂之谜

塔内灵异现象

英国诞生了大量魔幻艺术作品，如《指环王》、《哈里·波特》。英国不光在作家笔下散发着神秘气息，而且在现实世界中，也是一个不断有灵异事件发生的地方。

在英国伦敦这座交织着古老历史和现代文明的大都市里，为什么会频频报道有人目击灵异事件呢？这些被目击的灵异事件是真实的见证，还是人为的骗局呢？

伦敦塔内最有名的鬼魂，也是塔内第一个显赫的受难者王

后安妮。她由于被控犯有叛国罪和通奸的罪名，于1536年5月19日，在塔内绿地上被斩首。

临死前英王亨利八世满足了她最后一个愿望，用剑而不是斧头行刑，为此亨利专门从法国加莱物色了剑客充当刽子手。在她死后不久就有人声称看到她的鬼魂——一件白袍在塔内的绿地和回廊上游荡。

另一个有名的鬼魂是马格利特女伯爵，为了扫除政敌，亨利八世以叛国罪宣布处死她。1541年5月28日，年近七旬的老公主被押上刑场，她秉性刚烈，决不肯跪伏在断头台，不仅如此，刽子手刚刚向她走来，她竟然撒腿就跑，但很快被刽子手一顿乱砍，顷刻殒命。

于是每年的5月28日，塔内的看守都说可以听到垂死的女伯爵痛苦的呻吟声。

许多个夜晚，塔内的守卫报告曾在城堡西南方的"血塔"附近看到过两个身着睡衣的小孩子身影，更为奇怪的是他们还手牵着手。熟悉英国历史的人明白，这正好印证了多年前曾发生在这里的一宗离奇命案：英王爱德华四世1483年去世后，他的两个儿子，爱德华五世和弟弟约克公爵被送到塔里等待继承王位。

可最后他们却在塔内神秘失踪，而他们的舅舅理查成了英国国王。直至1674年，工人在整修塔内阶梯时从砖石中发现两具小孩的遗骸，几乎可以确定正是当年失踪的两位小王子。

汉普顿宫"魅影"重重

汉普顿宫于1525年修建在伦敦西郊泰晤士河河畔，曾是许多戏剧性的重大王室事件的发生地，其中的"幽灵传说"由来已久。

汉普顿宫的"幽灵照片"公布之后，《太阳报》作出惊人推测——被拍到的莫非是英国国王亨利八世的幽灵？而且传闻亨利八世数位妻子的幽灵也已在王宫中徘徊多年。

亨利八世的第三任妻子简·西摩在王宫中因难产而不幸去世。在她去世数年后，有人曾看到过她的鬼魂手持一支蜡烛在午夜时分穿过王宫中铺满鹅卵石的庭院。

亨利八世的第五任妻子凯瑟琳·霍华德因与他人通奸而被砍头。曾有人

在王宫内看到过她的鬼魂，据称当时她身穿一件白衣，悄无声息地在王宫的画廊之间飘荡。

1562年，爱德华王子一位名叫西贝尔·佩恩的保姆去世后被埋葬在王宫里，但是267年之后的1829年王宫修缮期间，她的坟墓遭到了建筑工人的破坏，其后人们就听到让人毛孔悚然的呻吟声。

科学家进行调查

英国的科学家们不肯承认真的有鬼魂。2003年，赫特福德郡大学的学者们携带最先进的物理电磁感应仪器对伦敦塔内诸多"鬼魅"频繁出没的地区进行了调查，虽然调查并没有真的捉到鬼魂的踪迹，但是也发现了不少有价值的证据。

塔内某些地点磁场异常强烈，另外某些地点建筑格局造成了气流通过时速度较高，而且会发出空气在隙穴中的啸叫。此外，光线的昏暗客观上可能对游客产生了心理暗示的作用，毕竟报告

鬼魂事件最多的还是熟知英国历史的本土游客。

于是科学家们得出结论："闹鬼"事件都是环境造成的，所谓"鬼魂"不过是人大脑对现象的解读，鬼魂现象应该说是磁场、寒冷的气流、昏暗或变幻的光线等造成的。

科学研究还发现，那些"闹鬼"地方常存在次声波，次声波会使人不安，还会使火苗摇曳不定。换句话说，伦敦塔内某些地点的磁场异常、空气流动以及次声波，加上昏暗的光线，特别容易激发起人们内心深处对幽闭环境的恐惧感，如果再联想到数百年前塔内发生过的种种血腥事件，就很容易相信自己发现了鬼魂。

大多数学者倾向于这种解释，因为虽然鬼魂的"目击报告"不断，但还从未有人拿出过鬼魂的影像资料作为证据，毕竟上述解释无法说明鬼魂的影像，因为次声波、磁场、光线和气流绝不可能形成一个清晰的鬼魂身形。

英国王宫又"闹鬼"

素有"闹鬼传统"的英国汉普顿宫在圣诞节前夕再次惊现"魅影"，而且这一次有"迄今为止最确凿的证据"：汉普顿宫的保安监视系统首次拍到了一个身穿长袍的"鬼魂"在宫中出没。

2003年圣诞节前夕，警卫们多次报告宫内展览区的一扇防火门经常莫名其妙地被人打开，于是他们立刻对监视系统录像带进行检查，结果发现了这个"鬼魂"。

从汉普顿宫公布的一张"鬼魂照片"上可以清楚地看到，该"鬼魂"应为男性，他身穿一件长袍，正推开防火门向外走，一只手还抓着门把手。由于"鬼魂"的大半个身子都站在阴影中，因此他周围的景物有些模糊。但很明显，和他那只伸出的手相比，"鬼魂"的脸实在白得吓人。

科学家们为何动摇了

这个看似稳如磐石的科学解释首次有了动摇，使它动摇的力量并非来自伦敦塔，而是来自英国的另一处古代建筑，汉普敦王宫，虽然这里也相传闹鬼，但学者们的磁场、次声、气流学说已

经成功地说服大众相信并没有真正的鬼魂存在。

汉普顿宫这个发现震动了英国不少学者，他们第一个反应是肯定是有人在搞恶作剧！要知道这里的导游常常会穿着古时代的宫廷服饰为游人讲解，于是全部的王宫的导游都被找来，可是谁都没有录像中那样的衣服！

照片公布后，英国《太阳报》推测，被拍到的"鬼魂"就是当年英国的暴君亨利八世！汉普敦宫发言人伍德女士向记者再三保证："这绝对不是故弄玄虚，也不是圣诞节的玩笑，我们也很想知道这东西究竟是什么。"

英国科学界再次对鬼魂的科学解释产生了动摇，录像里的鬼影如果是真的，那么磁场、次声波等解释就会被彻底推翻；如果这个

鬼影真的仅仅是恶作剧，那么为什么调查部门又查证无果呢？

伦敦塔内的鬼魂究竟是真是假？也许，伦敦塔这座高耸的古堡中封存的不仅仅是英国古老的王族历史，还有我们科学至今也无法解释的谜题。

延伸阅读

伦敦塔是在英国威廉一世时建造的，直至今天，塔内仍栖息着一种大乌鸦，它们雄踞在塔顶和树梢，甚至大摇大摆地在草地上走来走去。据说只要大乌鸦一离开，伦敦塔就会垮下来。乌鸦全身黑色的羽毛，加上如此的一个传说，为这座古老堡垒增添了一股诡异气息。

穿过"幽灵"的身影

一手掐住她的脖子

　　米卢斯的一座公寓里生活着一对30多岁的夫妻和一个小孩。丈夫塞尔日是机械制图员，妻子热玛是西班牙人，儿子名字叫米歇尔。从1978年起，这家人一直生活在恐惧痛苦之中，热玛更是受尽折磨。

半夜里，常有人对她拳打脚踢，捏她的大脚，在肚子上搔痒，连续3个夜里，热玛总觉得一双冰冷的手在扼她的脖子，她拼命挣扎。开亮灯却不见其人，然而脖子上留有明显的伤痕。

一天晚上，塞尔日看见热玛突然从床上滚到地下，像是被人推下来。这天夜里，热玛睡的床猛地向前移动，她的枕头突然被抽走，无影无踪。第二天夜里，她睡到两用沙发上，忽然左腿好像被人抓住往下拖，她拼命拉住扶手，并且大声乱叫，丈夫匆匆赶来点灯，什么人也没有，可热玛的脚却跛了7天。

半夜大门自开

他们房内的东西经常

不翼而飞，衬衫、衬裤、大衣、帽子、鞋子等。有一次，热玛的眼镜不见了。一个月后，它又挂在卧室的吊灯上。书架也常常移动，当热玛对书架采取了稳定方法后，书又得了"好动症"。

夜里，他们的房间里常会听到动物的叫声和婴儿的哭声。电灯一亮，声音就消失。一天夜里，大门上了锁，第二天早晨发现大门却开着。从此，他们常听到大门自动开启的声音。

地窖走廊是水泥地，半个世纪来一直坚固无损。有一天，一部分水泥被撬开了。从此，这里的水泥每抹平一次就被撬一次。形成了一个长方形的坑，正好使门不能关闭。

父子夜访

热玛的儿子米歇尔在夜里常觉得有一位父亲领着儿子来看他，那个小孩还不住地抚摸他的脸颊。一天夜里。米歇尔听到百叶窗上发出阵阵的响声。早晨起床，他发现上面堆满了各种玩

具，可是，这种友好的待遇没持续多久。米歇尔就开始经历折磨了。半夜，他常被一只手使劲揪住耳朵，直至他痛得惨叫起来。一天早晨，米歇尔醒来，看到自己的脖子上竟套着一根绳圈。

塞尔日夫妇再也无法忍受这种恐怖的生活了，他们向汉斯·邦德教授求救。并且打算离开这个"鬼怪出没"的房间。

"幽灵"的"身影"

令人惊讶的是，波尔代热斯现象的制造者似乎知道了他们的打算，变本加厉地对他们横加折磨，使恐怖的气氛更为加剧。

一天中午，热玛来到厨房。桌子上一桶罐头猛地飞起来，又砸到她的头上，鲜血直流。一个寒冬的夜晚，暖气装置突然出了故障。可是，全家人却热的要命。但是，温度计上的水银柱只指示着零下2度。热玛将吉他放在桌子上，谁料它竟自行弹奏起来。

一天，热玛看到一个幽灵的"身影"，正蹲在地窖的门口，热玛走去它站了起来，迎面走到楼梯口站在那里不动。热玛勇敢地往前走，不顾一切地穿过那个"身影"。她事后说："我觉得自己似乎穿过了一种不坚实的、冰冷的东西。"

热玛是罪魁祸首吗

汉斯·邦德教授在塞尔日家进行了缜密调查、心理测验和科学研究。他认为，热玛及其全家的遭遇基本上是可信的、真实的。

然而，邦德认为，热玛是无意识地折磨自己和孩子的凶手。热玛生平中的某些经历很能说明问题，在童年她的周围也发生过某些轻微的波尔代热斯现象。如爱做预兆性的梦，去西班牙母亲家短暂逗留时，母亲家中的电器设备全都出了毛病，而她一走，一切又恢复正常。

邦德认为，大多数情况下，具有超自然能力的"神经质"的人出现，会像催化剂一样导致产生波尔代热斯现象。

设下自动摄影机

邦德教授在热玛房内安装了一部高度精密的雷达，它是一台装有超灵敏度胶卷的16毫米摄影机，启动6秒钟。将拍摄屋内的波尔代热斯现象。邦德在房内放置了常被挪动的物品，并且在门上贴了封条。

凌晨1时30分，摄影机开始启动，可是它拍了30分钟，而不是6秒钟，直至塞尔日关掉电源开关，摄影机才停下拍摄。胶卷上只有3分钟的图像，而且显出的是正常景色。房内特意准备的物品

一样没动。可床却移动了，眼镜也不见了，更为奇怪的是，床底下出现了一幅用黑色软铅笔画的地理图案，它同几天前画的热玛臀部上的图案一模一样，可搜遍房间也不见那支黑色软铅笔。

尤其使人迷茫的是在一天夜里，塞尔日夫妇被一阵阵爆炸声从梦中惊醒，一直在转动的录音机竟然没有录下这段情景，磁带上传出的只是闹钟的"滴答"声和两个人的呼吸声。然而，中午这种"滴答"声突然从磁带上消失，晚上录音机也不动了，3天后又正常运转，可这时磁带又无影无踪了。

科学家们能否走出迷宫

科学家们试图确定，什么样的心理状态才能使某些人产生超自然的能力，从而导致波尔代热斯现象的产生。因为心理测验及研究资料表明在某些情况下这些人确实能引发波尔代热斯现象。

遗憾的是，原先估计能引发波尔代热斯现象的紧张、烦躁、苦恼、失望和愤怒等心理状态在新的试验中均告失败。

汉斯·邦德教授又提出一种新的理论，他认为，在波尔代热斯现象中，有一种催化剂在起作用，它能唤醒人类去揭示没有认识的物质的某些属性。这些属性与目前人类所熟知的物理和能量进程，以及现有物理定律完全不相容。他还认为，在心理领域和物理领域之间形成了一种极特殊的相互作用下似乎就会产生波尔代热斯现象。

神秘的波尔代热斯现象还在层出不穷地给人们带来震惊和思索，它使科学家们陷入了似乎是无穷无尽的迷宫。

延 伸 阅 读

某城市中心有一座空旷的大楼，常有人在里面听到哭泣、惨叫、喘气的声音。据称，这种现象的存在由来已久，早在多年前，就有居民向警方报案。西方科学界对此现象加以探讨研究，至今尚无定论。美国现今已经拍摄了两部关于波尔代热斯现象的影片，轰动了全国。

神秘的灵异现象

神秘的"嗡嗡"声

　　美国新墨西哥州陶斯城位于圣塔菲市的东北面，距圣塔菲不足160千米。居住在这里的一些居民和游客，多年来一直被沙漠空气中一种神秘的低频率"嗡嗡"声所困扰和不解。奇怪的是，只有近2%的人说听到了这种声音。

　　有些人认为这是由不同寻常的音响效果引起的，其他人怀疑这是大量癔病或是为了达到一些神秘的险恶目的。无论将它描绘成"呼呼"声、"嗡嗡"声还是"哼哼"声，无论是心理、自然还是超自然现象，没有人能找到此声音的来源。

直觉

　　无论我们称它为直觉还是"第六感觉"，或其他什么，我们都多多少少体验过。当然，直觉往往是错误的，但它们有时似乎也是对的。

　　心理学家指出，人们下意识地从我们周围世界获取信息，让我们在不太知道我们如何知道它的情况下，似乎能让我们感知或知道一些信息。但直觉案例很难研究证明，心理学也只是部分答案。

神秘消失

　　人们神秘消失有各种各样的原因。许多人是逃跑了，有些人是遭遇意外事件，少数人是被绑架或杀害，但大多数人最后都找到了。这些都不是真正的神秘消失，一些人似乎是从人间蒸发了，没有任何痕迹，也没有任何线索。

当丢失的人找到时，总是会让警察和精神侦探询问一番，但当证据缺乏和动机不为人所知时，即使警察和法庭也不能给他们定罪。

鬼怪与幽灵

从莎士比亚的悲剧《麦克白》到美国环球广播公司的节目《死亡幽灵》，一直展现了我们的文化与民间传说中描绘的鬼怪与幽灵形象。许多人报告说看到了陌生人的鬼影和死去的亲人的幽灵。

虽然鬼怪与幽灵的是否存在，还没有权威性证据能证明，但真诚的目击者还是继续说看到了鬼怪，并拍到了他们的照片，甚至还与他们交流了。鬼怪调查者希望有一天能证实死亡的人能与活着的人接触，为此谜团提供最终答案。

似曾相识

人们在经历过一段场景之后，会突然觉得自己曾经在某个地方、某个时段经历过相同的场景，而且印象深刻。或者明明是第一次到某地，却觉得自己好像已经到过这个地方，感觉非常熟悉等，这是一种很多人都会遇到过的心理现象。

人们给出了不同的解释：有人说是梦境的再现，也有人说就是所谓的"第六感觉"。还有科学界对此作出的解释是人脑中负责控制情感的部分同控制逻辑的部分的速度出现了暂时的不一致，控制情感的部分比控制逻辑的部分速度快，就会造成这种情况。尽管解释很多，但原因与本性至今还是一个谜。

不明飞行物

不明飞行物，即UFO，这些不明飞行物或光线是不是外星人的太空船，这完全是另外一个大问题。

即使能想象穿越宇宙到达地球的距离与努力，但外星人到达地球的这种想象似乎是不可能的。况且，经过仔细调查，许多有关UFO的报道都已经查明了原因。只是还有一些UFO事件将永远无法解释，成永久之谜。

濒死体验和死后重生

曾经接近死亡的人有时报道说有形形色色的神秘体验：有的看见彩光；有的看见了亲友；有的看见了自己发着蓝光的灵魂从自己的肉体中"逸出"；有的看见了一条发光的隧道。这可能表明死后存在阴间。

当这种体验深奥无比时，没有人能在死后带着这些证据或作证信息回到人间。怀疑家表示，这种体验可以用受损大脑的自然和可预测的幻觉来解释。但现在还是没有办法知道到底是什

么导致了濒死体验？它们是否就是另一个世界的幻觉？

精神力量与超感觉

超感觉通常用做心灵感应和特异功能等的总称。许多人认为直觉是一种精神力量形式，可获得有关世界与未来的神秘或特殊知识。

研究人员测试那些声称有特异功能的人，虽然在苛刻科学条件限制下的这些实验结果是负面或暧昧的。但一些人还是争辩说特异功能不能测试，理由是在怀疑家和科学家面前，他们有特异功能消失的一些理由。如果这是真的，那么，科学将永远不能证实或驳斥特异功能的存在。

延 伸 阅 读

身心合一，安慰剂多次证实能减轻人们的病症，当人们相信此治疗有效时，无论安慰剂是否确实有效，它们确实能减轻病人的痛苦。仅用非常勉强的道理来解释的话，就是说身体的自愈能力比任何现代医学的疗效要远远惊人得多。

灵异有科学解释吗

什么是灵异

灵异是人类对未知事物的一种解释。就像几千年前的人们无法知道感冒是怎么回事时候去求神拜天一样，所以人们对灵异的探索也是为了寻找一种新的理论暂时替代科学无法解释的层面。而在现在新世纪，人们不仅仅把灵异作为上述的一种解释，也有人是为了寻求感官或心理上的刺激而追求灵异。

当然人们不希望看到某些身心尚未成熟的青少年过度地追求灵异，而深陷于不和谐的灵异之中，科学探索仍是解决之道。

灵异学上将灵魂称为"幽体"。灵媒就是具有召唤出亡灵能力的人，又称为灵能力者。灵媒召唤死者亡灵进入自己的身体，使死者亲人的背后灵、善灵、恶灵等各种各样的亡灵跟随在人的身后，影响人的一生，灵异学上将它们统称为"背后灵"。

什么是灵异现象

灵异现象也就是超常现象，超常现象是指与科学和常识相互矛盾的现象。因为超常现象无法用已存在的逻辑架构，或普遍被接受的现实知识来解释。

这些真实性并未确定的现象，通常不被主流的科学家所承认。这些"难以再现"的超常现象被认为是伪科学，有一部分是因为科学是需要能重现、重制的现象来证实的。

这些包含拥有特异功能的人类，以及在偶然的情况下发生，但无法以常理来说明的事件，例如：图坦卡门的诅咒、灵异照片等。

也有其他的类似现象被认定为确有其事，却无法立即解释。

例如，许多人皆曾看过不明飞行物，但彼此对不明飞行物的解释却有很大差异。此外，也有人指出超常这个词汇，在过去是被当成是宗教上诸多不可解的神秘现象，相对于自然科学所衍生的超自然的代换词汇。超自然现象是超常现象本来的说法，目前在华语圈及朝鲜语圈仍被使用着。

各种灵异现象的解释

为何刚去世的人常出现灵异事件，因为死亡人中的精神磁场是从死亡人的大脑中慢慢释放的，以尸体为中心向四周散发，当周围人接受到死者精神磁场的时候，周围的人就会产生灵异状态了。所以，经常产生灵异现象的地方是墓地、死亡人家等死者常停留的地点。

为何有些人经常出现灵异状态，因为精神是以磁场的形式存在的，而人的大脑是可以控制这种磁场的。那么，根据物理学的磁场理论，谁的磁力作用大，谁就能控制更多的磁场，于是产生马太效应，磁场会越来越多，控制力也加强。

我们将这个理论用于解释灵异现象，人的大脑对磁场控制能力也有不同，如果某些人的大脑控制力比常人大，那么，他吸收

周围死者的精神磁场能量也多，于是就会在大脑中产生死者生前的状态，但是毕竟外来的精神会和内部自身的精神产生冲突，于是人就会紧张失常。

　　人既然有磁场控制力的高低，地面也是的，有些地方的磁场力大，那么周围的死者精神磁场能量都被集中到这里，所以科学上就有磁场能量大的地方容易产生幻觉和精神紧张的说法。

　　为什么经常出现这样的念头，这件事好像以前做过，很熟悉，但是是不可能的。这有可能是死者的生前精神磁场在影响，可能是死者的精神告诉你你以前做过这件事，其实不是你自己做的，而是死者的生前做过你现在做的事情。

延伸阅读

　　为什么日有所思、夜有所梦，白天看到的一些东西，或者去过的地方，可能残留着死者留下的精神磁场能量，被人的大脑吸收了。晚上休息时，这些能量没有完成和人自身的精神融合，就会使人大脑兴奋，于是就在梦中表现出来了。

人到底有没有灵魂

灵魂的概念

现代汉语词典里把灵魂解释为思想、人格，而只有迷信的人才认为灵魂是附在人躯体上作为主宰的一种非物质的东西，灵魂离开躯体后人即死亡。

1963年获得生理和医学诺贝尔奖的约翰·艾克尔爵士却始终认为：

人是有形和无形精神构成的奇妙化合物。但大多数人认为，任何生命的构成都是各种电磁粒子陨击力的结果。也就是说，由无数微粒抛射出电磁粒子的陨击形成相互作用而构成的。

人之所以能按自己的意志行事，是由于大脑发出的电磁粒子陨击力迫使

沿途的微粒向相对受力最强的反方向运动，由此引起的连锁反应的结果。

大脑能发出电磁粒子是由于大脑组织有序化程度较高，因而能有效地截导来自体内外的电磁粒子，使之比较集中地向一个方向发射。

人的体温和健康状况也取决于人体组织截导外界电磁粒子的能力，以及外界作用于人体的电磁粒子陨击力强弱。

总之，人体及其生命体都是靠截导外来电磁粒子获得生存和发展的。

所谓灵魂就是这种在人体内可以形成相互作用和传递能量的粒子，它们在体内可以借助液晶和神经组织形成传导系统，成为所谓的"灵魂"。

如何解释"灵魂脱体"

人的"临终奇遇"现象，即"灵魂脱体"。这种现象描述大多有看到自己漂浮在自己的身体之上，看着医护人员忙碌……

丹麦科学家伊曼努力埃尔·斯维登堡对自己脱离身躯的体验是这样描述的：

我被带到了无感觉的状态之中，这样也就几乎进入了濒死者的状态，然而带着思想的内在生命却依旧是完整的，这样我便看见和记住了发生的事情，以及发生在死而复生者身上的事情。

对于这种灵魂脱体的现象，有的医学家认为，人临死前的缺氧和二氧化碳增加往往是导致该现象产生的重要因素。也有心理学家认为，垂死的人往往会触动一个隐藏在大脑深处已久的"贮存节目"，因而演幻出一段奇遇。

也有人认为，一个人死后是以何种形式存在，完全取决于他生前的素质和死亡原因。

所谓死亡，也就是大脑发出的电磁粒子陨击力，因某一通路受阻而不能统治体内的细胞。

或者因大脑的电磁粒子紊乱打扰了正常工作的器官节律，甚至与某一部位发出的电磁粒子造成相斥作用，破坏了内部细胞的秩序，使之失去应有的功能而造成人体组织代谢紊乱而致使的。心脏猝死就是基于后面的一种原因。

然而，这些都不过是假设而已，作为人的一种精神内在奥秘，作为生命过程中的一种奇特现象，人们期待着正确的答案。

人到底有没有灵魂

有人认为，生命与非生命之分，其实质是存在形式不同，而我现在的生命是以一种"极不合理"的形式存在着，即身上有许多本来可以舍去的累赘。

当人体中那部分电磁粒子构成的真性生命没有遭到破坏，又不能修复那部分由肉体构成的躯体时，它必须与肉体脱离，以另一种形式存在，同样它也可以再回到躯体。然而，这仅是推测，究竟怎样，还是一个谜。

延 伸 阅 读

佛教的创始者释迦牟尼否定灵魂的存在，因果关系所联系的是记忆，不是灵魂。在佛教传入我国时，由于中国人重视先灵，因而使得我国佛教发展灵魂观念。通俗的佛教的丧礼中，一般会诵经超度以引导亡灵早登极乐西方，这明显是肯定灵魂观念的做法。

人类灵魂有多重

关于人类灵魂的实验

千百年来灵魂是否存在一直是个颇受争议的话题。美国麻省的医生邓肯·麦克道高做了一个非常大胆的实验，他在床上面安装一种很灵敏的秤，试验方法是让快死的人躺在上面，然后一直精确测量这个人的体重，看看在死亡的瞬间，这个人体重的变化。

他选择了一个濒死的结核病患者，理由很简单，这个人死的时候基本上已经不会动了，因为这样才能保持秤的平衡，以便得到准确数字。他对这个人的死亡前情况共观察了3小时40分钟，在这段时间里，这个人的重量缓慢下降，速度是每小时28.3495克，麦医生认为这可能是体液蒸发导致的。

然后麦医生把秤的平衡调到接近上限条，以期待死亡时候的下降，然后在死亡的瞬

间，秤的指针快速下降到了秤的下限条，就再没有弹回来，这一瞬间重量下降了21.26克，于是他推论人的灵魂是21克。

人的灵魂到底是不是二十一克

一个非常明显的破绽就是，当初麦医生一共做了6例实验，只有一例得出了21克的结果，而其他5例测量都无法重复这个结果。

第二例，因为没有办法确认具体死亡时间，因而结果不能用。

第三例，死亡的瞬间，重量下降了42.5克，随后的几分钟，又下降了28.3克。

对于重量两次下降，麦医生解释说的，在死亡的瞬间灵魂先走了一部分，剩下的依依不舍地在10多分钟以后才不得不离开。

第四例，因为秤没有调节好，尽管人死的时候重量下降了1.1克至14.1克，但这个结果也不能用。

第五例，因为死亡来得太突然，尽管重量下降了1.1克，但这个结果因为秤的原因，也不能算数。

第六例，也不能算，因为病人刚放到床上不到5分钟就死了，秤还没来得及调整。

科学反驳

从科学的角度看，麦医生的这个实验绝对不是一个好的研究，问题有几个方面。

第一，失误率太高，6例里只有一例证明了这个结论。

第二，既然考虑到体液的蒸发，就应该把这些蒸发的体液用一个罩子收集起来，把重量也算进去。

第三，就当时的医学条件，很难判断人的精确死亡时间。

第四，秤是否精确，也很难判断。虽然21克好像不那么可信，但也有人想借鉴麦医生的思路，想要给灵魂拍一张X光片。

因为X光照的是人的阴影，一直躲在骨头阴影后面的灵魂，在

出鞘的时候肯定就暴露原形了。但遗憾的是这种想法一直没有人去实践。

灵魂到底存不存在，如果真的存在，那么它究竟是什么样子，到底有多重？多年来，人们争论不休。

延伸阅读

在科学猜测中，灵魂可以是一种物质，而这种物质处于物质与能量的分界线上，所以在现实生活中会有人看到灵魂，此时灵魂由于一系列原因，其属性更倾向于物质，所以可以被看见。在另一些情况下，灵魂更倾向于能量，因此可以被探测仪器捕捉。

"灵魂出窍"有何奥秘

"灵魂出窍"是怎么回事

"灵魂出窍"之事，也可以说是离魂，是准心理学上一种最怪异的现象之一。

灵魂出窍现象最简单的解释是："感觉到自己离开了自己的肉体，在自己的肉体之外活动。"

不过，这些出窍的魂魄，肉眼是很少见得到的，通常它们都

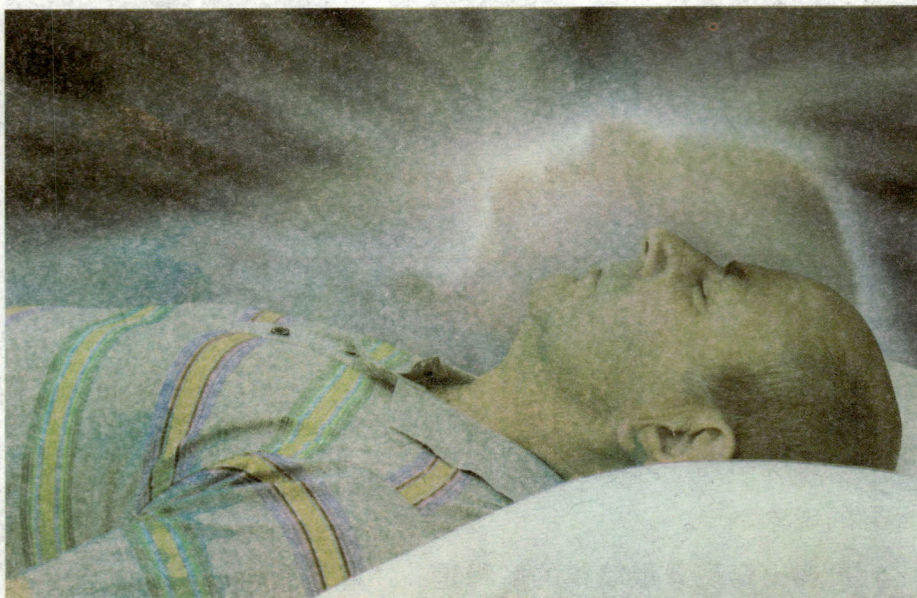

只是以声音形式出现，而且大都是在那出窍者抵达前一刻发生。人们会听到外面楼梯传来一阵脚步声或是门锁开启声，可是出外查看，却又一个人也见不到，这便是灵魂出窍所造成的。除了声音外，有时那些出窍魂魄还会发出一阵熟悉的气味，好像是雪茄会变作鬼魂，出现在其他地方。

有些人练习冥想、气功、瑜伽精神修炼时，也会发生灵魂出窍现象。他们可以在出窍时去到遥远处看到那里发生的事情。

另外，人在睡梦状态下也有可能灵魂出窍，最常见的灵魂出窍途径就是梦魇，也就是俗称的"鬼压床"。当人的肉体很疲惫而大脑却很兴奋的时候，人入睡的话很容易出现梦魇，即身体组织在睡眠，大脑意识是清醒的状态。

当出现这种状态的时候人开始会感到恐慌、害怕等，甚至有短时间的痛苦，当你克服这个痛苦不挣扎醒来，任由下去，几分钟后就可能进入出窍状态。

这个时候你会感到由开始的无法动弹慢慢地可以起来，然后可以离开身体，这样的话灵魂就出来了，开始会强烈感觉到有一个类似带子似的无形东西牵扯着你跟你的身体，行动很缓慢。

诡异的灵魂出窍体验

一位有癫病史的年轻人晕晕乎乎地醒了过来。他站起来，转过身，发现自己躺在床上。他朝自己熟睡的身体大叫，摇晃它，甚至跳起来压在自己的身体上面。接着，他感到又躺下了，却看到另一个自己站在床边摇晃自己睡着的身体。惊恐中，他从三楼的窗户跳了出去，受了重伤。

这位年轻人经历的正是所谓的灵魂出窍。这种奇特的意识状态很可能是由于癫病突然发作而引起的。一般来说，灵魂出窍的

体验多与癫、偏头痛、中风、脑瘤、滥用药物，甚至濒死体验有关。但是，没有明显神经问题的人同样可能出现灵魂出窍。据统计，约有5%的健康人在一生中的某一时刻有过灵魂出窍的经历。

灵魂出窍的三个阶段

灵魂出窍通常分为三个阶段。第一阶段是症状最轻的分身体验阶段：即感知到或是看到另外一个自己的存在。这种感受通常会发展到第二阶段，自我意识在真实的自己和另外一个自己之间来回移动，摇摆不定。在最后一个阶段，感觉自己离开了身体，并从旁观者的角度观察自己的身体以及周遭的一切。这种意识与肉体的分离正是灵魂出窍最明显的特征之一。

在实际生活中，有些人的灵魂出窍体验会经历完整的三步过程，而有些人只有一步。那么，这种近乎超自然的奇特体验究竟是如何形成的呢？

至关重要的脑区

瑞士联邦理工学院的一支研究团队偶然发现了诱发灵魂出窍体验的方法。2002年，一些重要线索开始浮出水面。当时，

他们正在给一位患有严重癫病的中年妇女实施脑部手术，希望借此找出有问题的脑组织，并将其切除以达到治疗疾病的目的。

当他们对患者靠近后脑的颞顶联合区进行刺激时，这位妇女声称，她感到自己飘出了体外，正在俯视着自己。

大脑中的颞顶联合区负责处理视觉和触觉信号、从内耳发来的平衡和空间信息，以及关节、肌腱、肌肉传递的感觉信号。它将这些信息结合起来，让人感觉到自己身体的存在，以及自身与周遭环境之间的相对位置。研究人员推测，颞顶联合区功能紊乱与灵魂出窍体验之间存在密切的关系。

2007年，比利时安特卫普大学附属医院的研究人员给一位老人治疗严重耳鸣。经过一系列尝试，研究人员最后决定在患者的颞顶联合区附近植入电极。但是，此举并没能治好这名患者的耳鸣，却令他产生了类似灵魂出窍的感觉。

　　除了颞顶联合区，还有一些脑区与灵魂出窍的体验有关，其中一些位于颞顶联合区附近。研究人员由此得出结论，当这些脑区运作良好时，人们会感觉自己是身心合一的。如果这些脑区出现功能紊乱，人们就会产生灵魂出窍的感觉。

奇特的外人视角

　　脑区功能紊乱还不足以解释有关灵魂出窍的全部疑问。因为灵魂出窍的人除了感到意识脱离身体，那个分离出来的自己还能以一种外人视角看到自己的身体以及周遭的事物。这又是为什么呢？

　　加拿大科学家通过研究睡眠麻痹现象找到了一些线索。睡眠麻痹是一种特殊的睡眠状态，表现为意识清醒而身体无法移动。

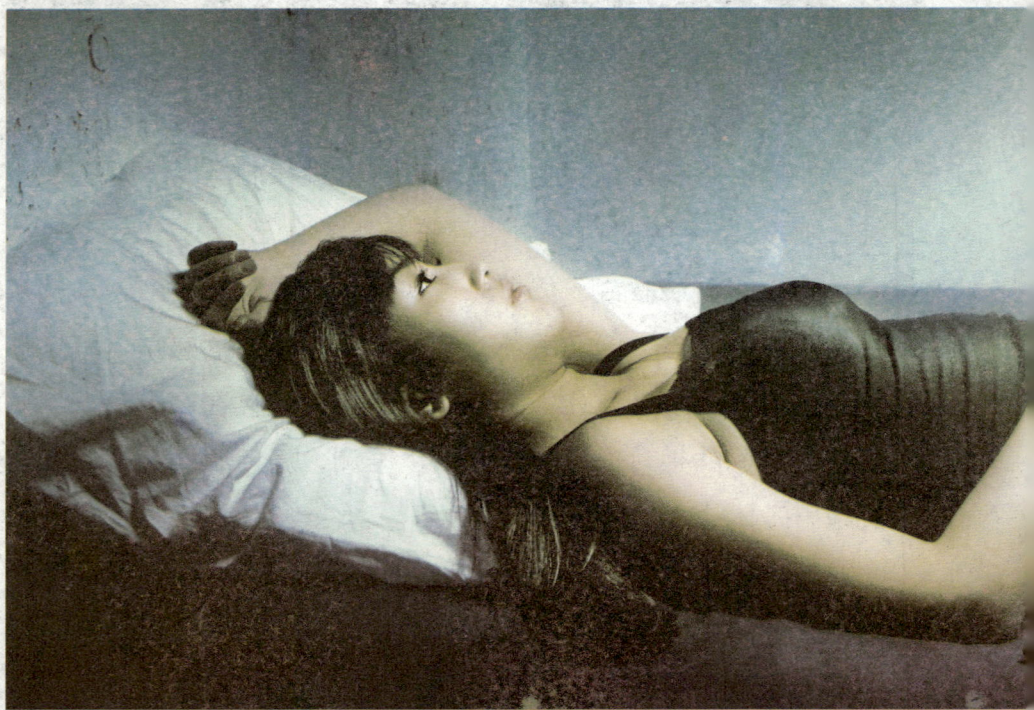

研究人员发现，许多曾经历睡眠麻痹的人都有类似灵魂出窍的体验，比如感觉自己脱离了身体，能从别处回望自己等。

他们认为，睡眠麻痹是大脑中各种信息之间发生冲突所致。产生睡眠麻痹的人很可能处于睡眠最浅的快速眼动睡眠期，他们梦到自己在走动或飞翔。在这种情况下，人在意识上会有一种移动感，但大脑很清楚地知道身体其实并没有动。为了解决这种矛盾，大脑将自我从身体上分离出来，使人感觉自己在运动，而身体却留在原处。类似的感觉矛盾可能是灵魂出窍体验如此逼真的原因之一。

瑞士苏黎世大学附属医院的研究人员提出了另外一种假设。他们依据的是一名有灵魂出窍体验的患者的报告。这名患者声称

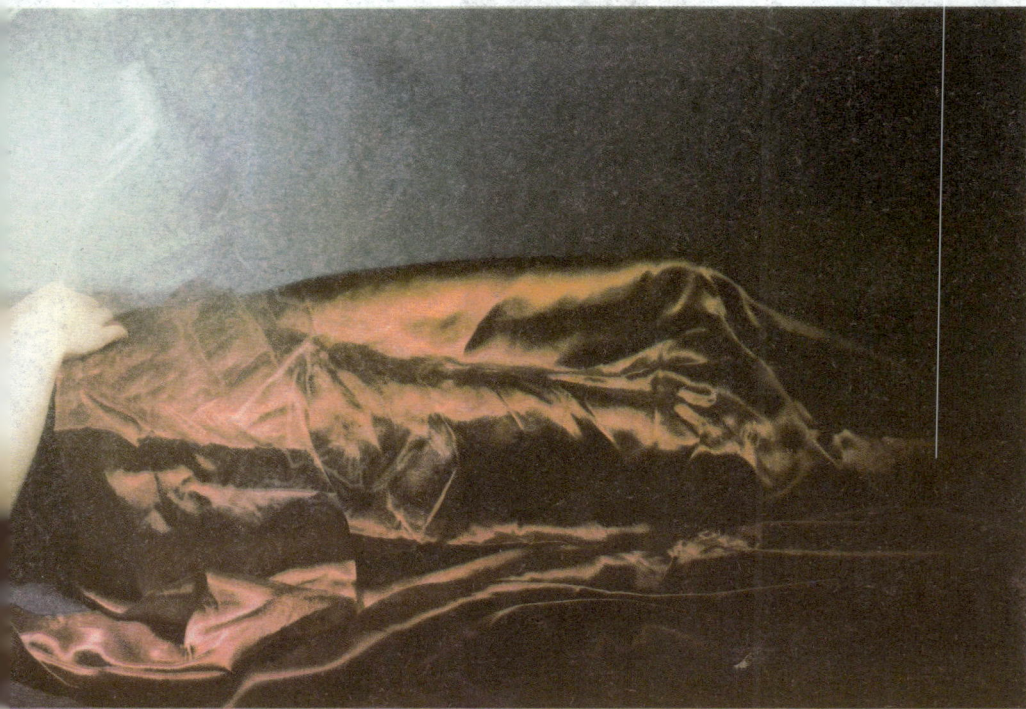

自己即使闭着眼睛也看得见东西。

他说，自己躺在床上却从床的上方看到父亲走到洗手间，拿着湿毛巾回来擦拭他的额头。研究人员经过分析后推测，可能这名患者听到父亲走开的脚步声和洗手间传来的流水声，然后感到额头上的潮湿感，而他的大脑将这些感觉转换成了自己"看见"的图像。

而一些德国科学家在研究中发现，许多人在向别人描述自己过往的经历时，往往会不由自主地使用第三人视角而非第一人视角。这表明大脑可能有一种以外人视角存储图像记忆的倾向。他们推测，人在经历灵魂出窍时，大脑正是从这样的数据库中提取信息的。这就不难解释为何有此经历的人能脱离身体"看到"自己以及自己身边的一切。

自我意识的基础

人的自我意识是如何产生的呢？大部分时候人的自我意识与身体是融为一体的，但当人灵魂出窍时，自我意识也会脱离身体。那么，自我意识与身体之间又有什么关系呢？

德国与瑞士科学家合作开展了一项实验，他们用摄像机拍摄志愿者的背部影像，并将其发送到志愿者戴在头上的视频接收器上，使志愿者看到一个虚拟的自己站在前方两米左右。

然后，研究人员站在摄像机前，用手拍打志愿者背部，而志愿者通过显示屏看到有人拍打自己虚拟的身体。结果，许多志愿者报告说，他们感到自己脱离了身体，向另一个虚拟的自己飘了过去。

　　研究人员表示，这个实验首次在健康人身上引发了灵魂出窍现象。这表明，人的自我意识始于对身体的感知，当人们对身体的感知被扰乱后，自我意识也会受到巨大的影响。当然，自我意识绝非感知自己身体那么简单，科学家将继续不断地研究，以解开更多的我们不知道的疑问。

延　伸　阅　读

　　灵魂出窍现象也有的解释是：这种现象，就好似自己在做梦一样，但却具有真实的感觉，比如说触感、味觉。灵魂出窍据西方一些灵魂学家所说，是真的存在于世上，其中又以发生在泰国和菲律宾等地方特别多，但至于其原因，仍未清楚。

"鬼压床"是"鬼"吗

"鬼压床"是鬼吗

人在睡觉时，突然感到仿佛有千斤重物压在身上，朦朦胧胧地喘不过气来，似醒非醒，似睡非睡，想喊喊不出来，想动又动不了，好像对周围的事情全都知道，就是醒不了。人们对此感到不解和恐惧。再加上配合梦境，就被给了个"形象"的名字——"鬼压床"。

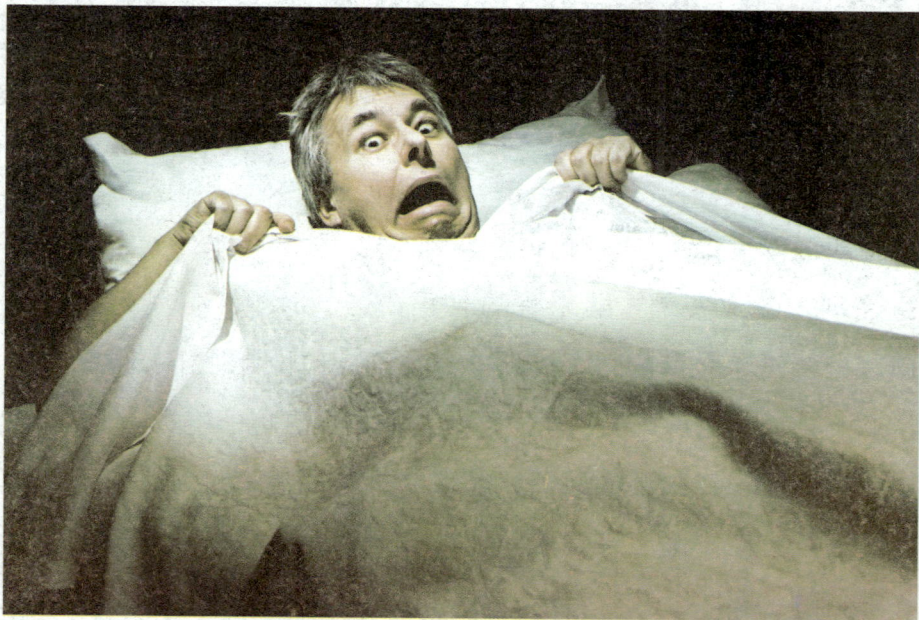

　　说到"鬼压床"，总是让人毛骨悚然。说它不是鬼，为什么人好像被无形的物体压着动弹不得？说它是鬼，为什么没有人真正见过这鬼长什么样？

医学解释

　　西医专家介绍说，这种症状在医学上称为睡眠瘫痪症，常发生在刚入睡或者是将醒未醒的时候，这个时候人们刚好进入熟睡，开始进入做梦的睡眠周期。身体的各部位都处于极低张力的状态下，人的意识可能由于过于兴奋而出现这样的感觉。

　　睡眠瘫痪症出现的原因目前还并不是很清楚，但目前来看，身体过于疲劳，睡眠严重不足，或者遗传倾向等，也是造成睡眠瘫痪症的主要原因。

　　此外，有的人患了某些慢性疾病，如慢性扁桃体炎、慢性鼻炎、慢性支气管炎等，这些疾病常常发生呼吸不通畅的毛病，因此在睡梦中，也容易发生噩梦。

　　多数人在出现这种情况的时候都会觉得恐慌，所幸这种情形多半在几分钟内会慢慢地消失或突然地恢复肢体的动作。可是发作当时的恐慌感觉，在醒来后仍会让人觉得害怕，只觉得被什么不明物体压得胸闷。

遇到这种情况该怎么做

　　首先，我们应当正确看待，不要把"鬼压床"看成是一件恐怖的事情，也不要觉得它是一种病。在经历"鬼压床"的几分钟

时，不必惊慌，只需等待时间静静地结束，很快就会缓解。要多注意自己的睡眠环境，确保自己的睡眠质量。过于疲劳和情绪焦虑也会诱发"鬼压床"，所以，预防"鬼压床"要适时调整自己的情绪，让自己保持一个良好的心情。

　　遇到这种情况不要过于紧张，这种睡眠障碍症状很普遍。正常人40%至50%都有过一次或两次这样的症状，只有3%至6%的人会反复出现这样的症状。此情况任何年纪的人都会发生，但很少有人连续发生。

　　每当遇到"鬼压床"时，我们脑袋是清醒的，觉得恐慌，都会拼命挣扎，但大多数人都要挣扎很久才会醒来，醒来时发觉全身都疲劳无力。在这个过程中，我们很无助，其实有一个办法是很有效的：就是尽量使自己放松下来，不要考虑我们脑袋中的幻像，然后做几次长长的深呼吸，全身就会放松下来了。

"鬼压床"从何而来

　　"鬼压床"的发生，和睡姿、睡眠环境有很大的关系。例如，睡眠时有重物压在胸口、趴着睡、蒙头大睡等不正确的睡眠

姿势，都有可能引发"鬼压床"。

因为，不正确的睡眠姿势容易导致呼吸不顺畅和血液不循环，而呼吸不顺畅、血液不循环，则是诱发"鬼压床"的重要因素。

另外，不好的睡眠环境，也是诱发"鬼压床"的重要原因。"一个人如果完全适应他的生活环境，那么，一般不会发生'鬼压床'的现象，只有当他的生活环境发生改变了，他才容易出现'鬼压床'。"

有些人认为，夏季是"鬼压床"的高发季节，因为夏季血管扩张，血压低，容易导致脑缺血，从而引发"鬼压床"。这种说法并不确凿，因为发生"鬼压床"，关键还是睡觉的姿势所致，并非夏季容易发生，反而是温差变化大的季节，如夏秋交替时更容易发生。

延　伸　阅　读

梦魇和"鬼压床"有一定的联系，但是梦魇并不等于"鬼压床"。梦魇和"鬼压床"有时会交替出现，例如，在梦里不停地出现被追杀，却又跑不掉，不能动弹的情况，这时梦魇就转化成了"鬼压床"。

濒死体验者的描述

濒死体验者描述

悉尼圣文森特医院的外科医生要清除弗拉伦斯·科恩心脏动脉里面的一个血栓。由于这是一个小手术，因此医生没有给科恩进行全身麻醉，手术过程中科恩有点迷糊的感觉，但意识是清醒的。

突然，奇怪的事情发生了：她发现自己升至空中，而且胸口遭到重击，同时耳边响起了钟声。此后的影像更加清晰，她看

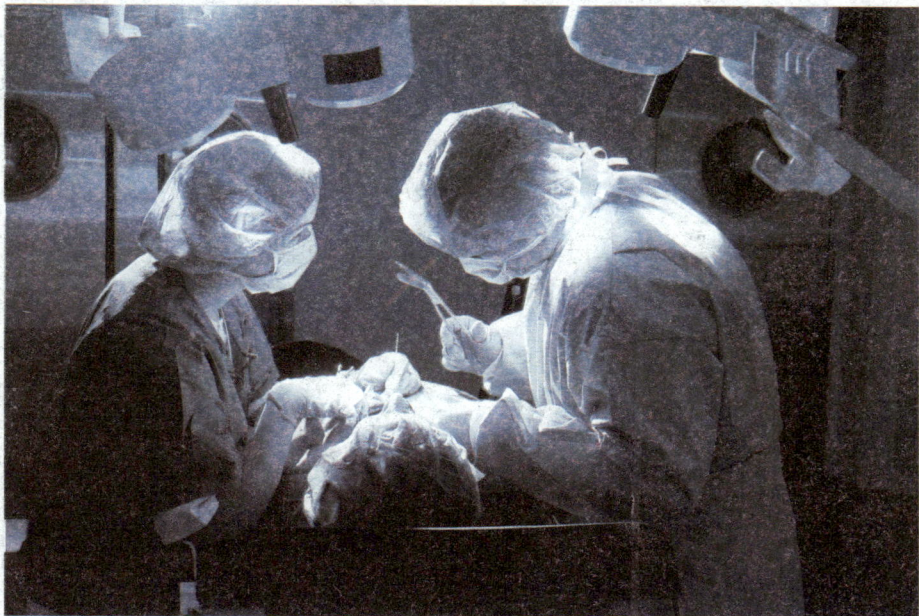

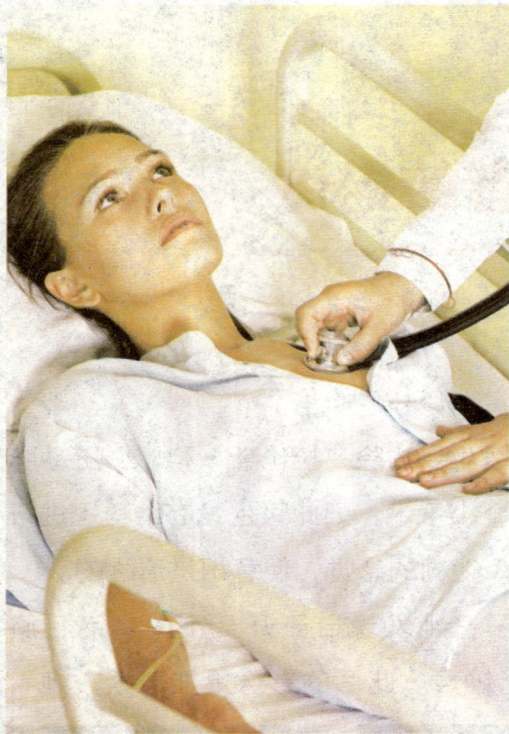

见自己躺在手术台上，医生正在处理她的身体。

"我急得大叫：别切我，我还清醒啊！"科恩回忆说。接着她看见一道耀眼的白光，然后她在空中的身体飞向了白光，"然后就什么都没有了。"

这是多年前的事情，当时的手术记录显示，科恩的心脏曾一度停止跳动。现在回忆起这件事，科恩还心有余悸，"这事很怪，我平时很少谈起它。不过那肯定不是梦境，我当时很清醒。"

这种现象是如何产生的

濒死体验现象吸引了来自不同领域的研究者，目前科学家对濒死体验现象是否存在并无怀疑，根据不同的研究结果，科学家发现心脏骤停后苏醒过来的人中，有4%至18%的人有过濒死体验经历。这一现象是如何产生的呢？

一种解释是，濒死体验是大脑严重缺氧后的一个独特生理现象，明尼苏达睡眠紊乱研究中心主任马克·马霍沃尔德表示，"很多人认为濒死体验是一种宗教或者超自然现象，但实际上它可以用科学的方法来解释。"

对这一观点持反对意见的科学家则认为，濒死体验并非这样简单，他们认为濒死体验是一种意识扭曲现象，而且人类的意识可以不依赖于大脑而存在。

目前人类对意识的了解还远远不够，奥克兰心理学家卡尔·简森认为，"濒死体验现象的形成原因对人类来说仍属于神秘王国的范畴，目前我们不可能把它解释清楚。"

大脑功能理论

1978年，在一些学者的倡议下，国际濒死体验研究协会正式成立，在美国还有一个专门研究濒死体验现象的刊物《濒死体验研究》。

在近年来的濒死体验研究中，"生理现象派"占有一定的优势，很多科学家都愿意用大脑功能的理论来解释这种神秘现象。

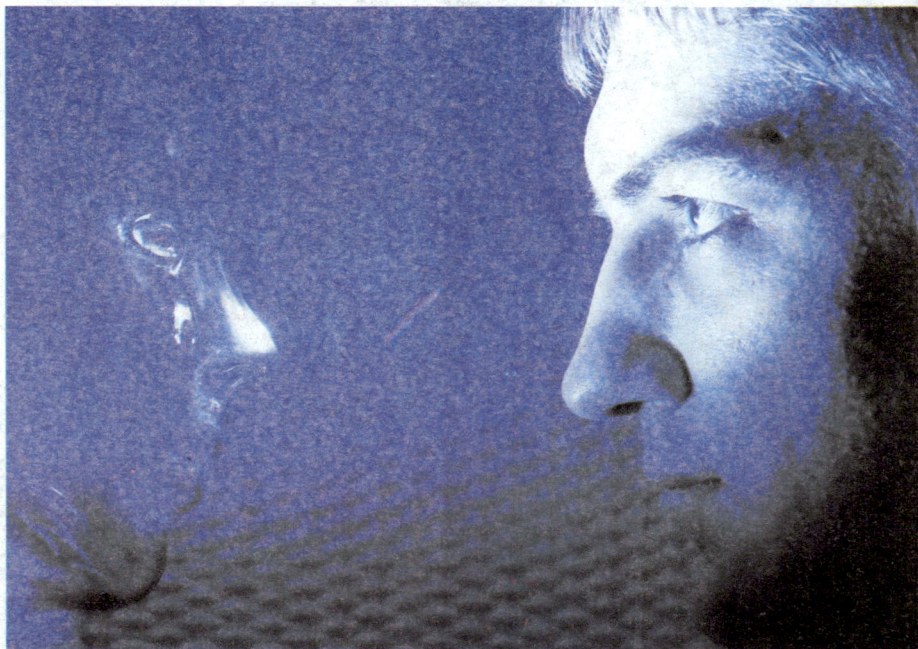

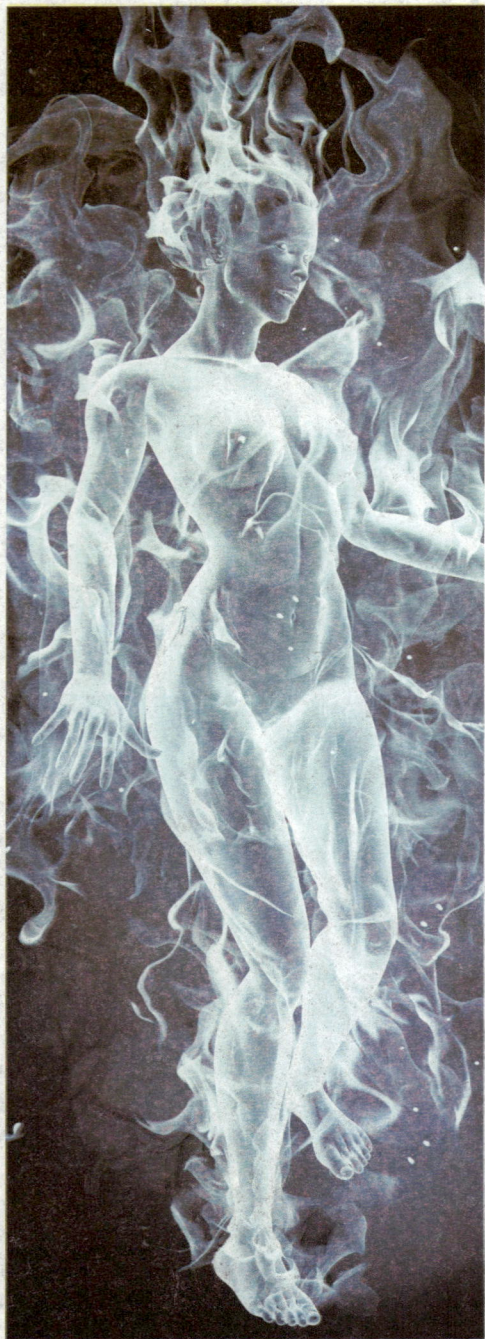

他们认为，濒死体验是在心脏骤停后发生的，人类最大的本能行为是求生，所有当心脏停止跳动，大脑供氧停止后，大脑就会开动其全部"防御机制"，会分泌出大量神经传递素，这些神经传递素又会释放出无数影像和感觉信息。

这些信息本来都是存在于大脑记忆库中，因此有濒死体验经历的人看到的大都是他们经历过的场景。至于很多人会见到白光以及通过一段黑暗隧道，则是大脑后部和两侧在遇到危险时候的一种特殊反应。

"灵魂出窍"提供借鉴

还有一些科学家给"生理现象派"提供了支持。瑞士神经科学家奥拉夫·布兰克博士和瑞典神经科学家亨里克·埃尔松博士分别率领的两个研究小组，先后在健康人身上完成类似"灵魂出窍"的模拟实验，使实验对象在清醒状态下看见几米之外"另一个自己"。

"灵魂出窍"实验成功的关键在于被实验者的视觉和触觉被分离并错位。在视觉和触觉被分离后，大脑的感官信息处理变得混乱，于是大脑创造出一个幻觉，使人感受到一具并不真实存在的身体。

这两项实验为曾被认为神秘莫测的"灵魂出窍"现象提供了科学解释，同时也给科学家解释濒死体验现象提供了借鉴。

还有很多现象无法解释

目前的科学手段还不能完全揭开濒死体验之谜，因此也有一些主张"神秘派"。他们认为，目前"生理现象派"的理论根本解释不了很多濒死体验者的经历。

皮姆·范·拉曼尔博士是荷兰著名的研究濒死体验的学者，

他在1988年至1992年间对334位被成功抢救的突发性心脏病患者进行了跟踪研究。

在拉曼尔的研究报告中，最引人注目的是一些病人的灵魂离体经历，这些经历难以从神经生理角度解释。

一位突发心脏病的44岁患者，送到医院时已被宣布临床死亡。但拉曼尔还是持续给他做心脏起搏和人工呼吸。拉曼尔在准备做人工呼吸时发现患者口中有假牙，便将假牙从患者口中拿掉。经过一个半小时的抢救，患者终于有了心跳和血压。

该患者清醒之后，一见到拉曼尔便告诉他，自己知道他的假牙放在哪里。他解释说，当时他飘浮在空中，看到了医生抢救他的全部过程。他描述的抢救细节和场景都与当时的真实情况吻合。

如果把当时该患者的意识活动归结于他的脑神经活动，那如何解释他在处于大脑不活动的状态下，却能清晰地看到一切的事实呢？

我国也开展了"濒死体验"研究。来自医学界的最新消息称：天津安定医院从科学的角度，在我国首次进行了"濒死体

验"的研究。

他们认为，濒死体验是一种全人类的现象，但又受到社会心理和文化等因素的影响而表现出民族间的不同。

我国的研究

我国"濒死体验"者所经历的主要体验阶段是：生活回顾、意识与躯体分离、躯体异常、世界毁灭感、死亡矛盾、时间停止感以及情感丧失等。

由于种种原因，我国关于"濒死体验"的研究落后于国外好多年，国外早已把其列为生命科学研究的重要课题。

我国研究员对1976年唐山大地震幸存者濒死体验调查中，获得81例有效的调查数据。据统计分析，这些幸存者中，半数以上的人濒死时在对生活历程进行回顾，近半数的人产生意识从自身分离出去的感受，觉得自身形象脱离了自己的躯体，游离到空中。自己的身体分为两个，一个躺在床上，那只是空壳，而另一个是自己的身形，它比空气还轻，晃晃悠悠飘在空中，感到无比舒适。

约1/3的人有自身正在通过坑道或隧道样空间的奇特感受，有时还伴有一些奇怪的嘈杂声和被牵拉或被挤压的感觉。

还有约1/4的人体验到他们"遇见"非真实存在的人或灵魂现

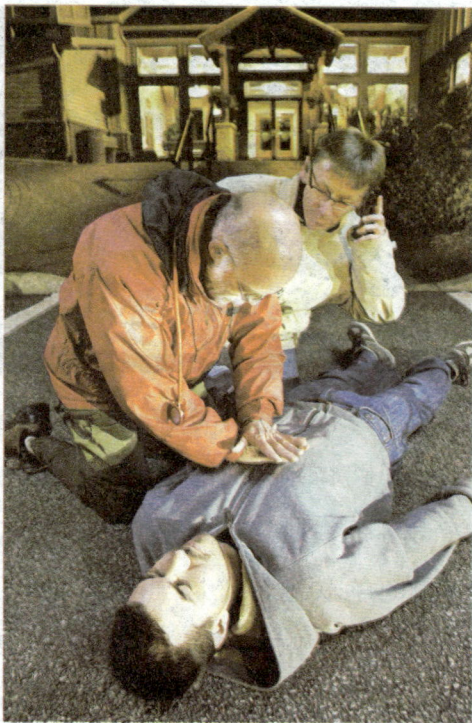

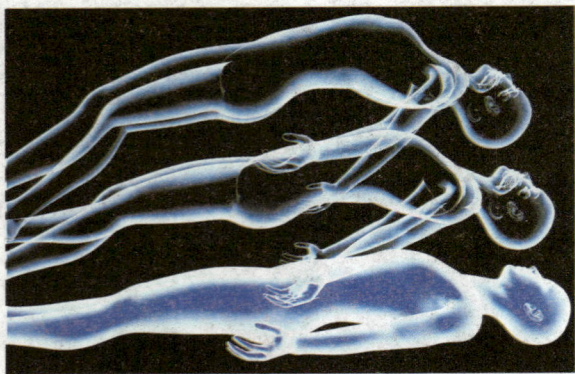

象，这种非真实存在的人多为过世的亲人，或者是在世的熟人等，貌似同他们团聚。

一位唐山大地震时只有23岁的刘姓姑娘，被倒塌的房屋砸伤了腰椎，再也不能站起来。她在描述自己得救前的濒死体验时说："我思路特别清晰，思维明显加快，一些愉快的生活情节如电影般一幕幕在脑海中飞驰而过，童年时与小伙伴一起嬉戏打逗，谈恋爱时的欢乐，受厂里表彰时的喜悦……我强烈地体验到了生的幸福与快乐！她说，我将在轮椅上度过一生，但每当我回忆起当时的那种感受，我便知道，我要好好地活下去！"

延 伸 阅 读

2000多年前，古希腊思想家柏拉图在他的著作《理想国》中记载了濒死体验现象。研究表明，经历过濒死体验的人遍布世界不同地域、种族、宗教、信仰和文化背景。美国盖洛普公司的一项调查显示仅在美国至少有1300万健在的成年人有过濒死体验。

人类生死轮回之谜

奇事异闻

在民间流传着许多故事，描述着鬼神的出现，以及因果报应，轮回转世，却也未必虚假。在诸家野史、笔记，甚至在正史中，皆有许多此类记事。

即使在20世纪，民间轮回转世、借体还魂之事也经常发生，

报纸杂志经常记述这类情形。有人亲身经历，有人是眼见，有人是耳闻，都惊为奇事异闻，辗转流传。

而一般科学家、心理学家、医学家，由于不是亲身目睹，对此都加以全盘否认。即使偶尔目睹经历，也用他的观点否认，说是精神不正常，或是心理幻想一概抹杀。

轮回说的科学研究

宗教家的说法是：生命是有轮回的。人们依据一生的善恶，上升天堂，下降地狱。一般的人，仍轮回为人，依其福泽而有高下。

超心理学研究者，从国内外已收集到不少的实例，除身处其境的人深信不疑外，一般的人未必全信，只是当作奇闻轶事流传而已。

　　一位出身耶鲁大学的医学博士布莱恩·魏斯的美国医师，担任过耶鲁大学精神科主治医师，迈阿密大学精神药物研究部主任，在匹兹堡大学教过书，曾发表37篇科学论文和专文，竟提出人类有轮回的说法。

　　1980年，有一位27岁名叫凯瑟琳的女子，因受焦虑、恐惧和痛苦的侵扰，向他求治。他花了18个月，对其做传统心理治疗毫无成绩后决定用催眠法，想追踪她童年的伤害，哪知道竟催眠到她的前世。

　　她在催眠中说的话，毫不迟疑，名字、时间、衣服、树木，都非常生动。她并不是在幻想，杜撰故事，她的思想、表情，对细枝末节的注意，和她清醒时的人完全不同，无法否认其真实性。

在一连串的催眠治疗状态下，凯瑟琳记起了引发她症状的前世回忆，也传达了一些高度进化的"灵魂实体"的讯息。

前辈大师告诉她，在地球上她活过80多次。但催眠治疗中，只前后出现过12次，有几次而且重复出现。

在催眠中，她自己说出：曾是埃及时代的女奴、18世纪殖民地的居民、西班牙殖民王朝下的妓女、石器时代的穴居女子、19世纪美国维吉尼亚的奴隶、第二次世界大战的飞行员、被割喉谋杀的荷兰男子、威尔斯的水手，是参加大姐婚礼的小女孩，是18世纪的男孩，目睹父亲被处死刑，她栩栩如生描述身处的景象。他测试过凯瑟琳，确定她没有说谎。

"生死轮回"之谜

每一世死亡的情形都很类似。死后自己会浮在身体之上，可以看到底下的场面。通常死后感觉到一道亮光，她可以从光里得到能量，被光吸过去，光越来越亮。她飘浮到云端，接着她感觉到自己被拉到一个狭窄温暖的空间，她很快要出生，转到另一世。

在她的前世中，常出现今生中对她关系重要的人。根据许多次研究，一群灵魂会一次又一次地降生在一起，以许多的时间，清偿彼此的相欠。人们对他人的暴力和不公都得偿还。过完的每一生，若没有偿清这些债，下一生就变得更难。这些轮回转世偿债的情形，和我国传统宗教中的因果报应和

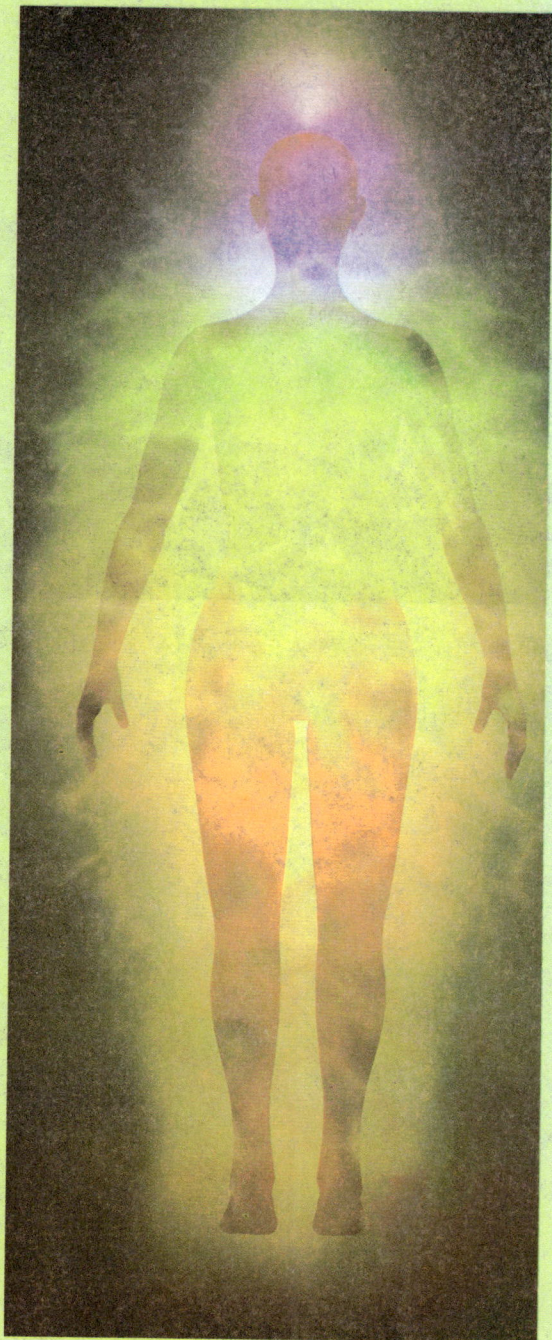

业障的说法，并无不同。

魏斯花了4年，写下了《前世今生——生命轮回的前世疗法》这本书。这本书一出版，在佛罗里达州上了连续两年的排行榜，平装书印刷10次，译成11国文字，风行一世，得到医师和专家的好评。

各人专攻的角度，来探讨轮回的问题，虽然各有解释，但都承认或不否认轮回的事实。人类"生死轮回"之谜还没有解开。

延 伸 阅 读

《前世今生——生命轮回的前世疗法》一书，通过作者对真人真事的研究，对心智、灵魂、死亡延续的生命的种种谜团，以及前世经验对我们今生行为的影响作出了自己的解释。

人类十大超能力之谜

巫医

据说菲律宾的一位巫医有将事物实体化和虚无化的双重能力。每当巫医进入轻微恍惚的状态时就会获得超自然的能力，只需和患者有少许接触甚至是无接触，就可为患者做外科手术。他们可以将患者体内的异物如玻璃、金属移除，并为患者镇痛。

大多数巫医都被证实是骗子，他们利用一些细不可查的手部技巧，在繁杂的仪式中来完成整个骗术。但是并非所有的巫医都是骗子。一些巫医可以赤手拔除臼齿，还有些可以移除并重新安上眼球。至今仍没有足够有力的证据可以破解这些巫医长久以来的特异功能。

心灵外科医生

心灵外科医生和巫医一样可以完成那些通常需要工具和医药用品如麻醉药才能完成的手术，和巫医不同的是，心灵外科医生需要将手深入患者体内，将肿瘤和器官取出。

精神外科医生主要集中在巴西和菲律宾，那里的人们对精神力有强烈的信仰。患者被告知那些负面的情绪和思想只会使病情恶化，如果你不相信自己能克服疾病，那么你就不能痊愈。

也就是说患者必须达成思想、肉体和精神上的统一，这样才能为痊愈提供一个平衡的环境。如若思想精神不可统一，痊愈则无望。这也是心灵外科医生认为不是本土人，难以医治的缘由所在，因为他们缺少信仰。

人体自燃

著名的案例有：记录在案的杰克·安吉尔自燃，导致手部截肢，还有玛丽·里瑟整个人烧透，被发现时仅仅只剩一块萎缩的头盖骨。就连小说中也不乏人体自燃现象的身影。如查尔斯·迪勤的《荒凉庄园》。

在火葬场，火炉的温度得预热到1000度，因为想把人骨化成灰可不是件轻巧事，花费上一两个小时，人的皮肉和主要骨架才

能烧成灰烬。人体自燃现在往往被发现时已经化为一摊流液，这就意味着至少要有1600度才能达到如此效果。并且在一些自燃案例中，并非整个身体都烧了个透，那些火灾剧本中的遍身烧痕也并没出现。

悬浮术

洪姆思以其悬浮术闻名于众。

1868年，洪姆思表演了他最令人难以置信的壮举：在一个集会上，他从一个窗户飘出并飘进另一个窗户之中。哈利·胡迪尼尝试复制了洪姆思式"魔术"，但即使是他都无法揭穿洪姆思的特异功能之谜。

如今很多魔术中都有关于悬浮的表演，而他们的灵感统统取

自于真实的悬浮术。洪姆思集会上的表演是临时起意，不论是观众还是周边道具都不是事先准备好的。

控火术

莱顿弗罗斯特现象说明当液体遭遇极度炙热时就将化作一层绝缘的气态防护层。当你用湿手指掐灭蜡烛时正是依靠着这层蒸汽层的保护。只要有充分的条件，人人都可做到这点，然而只有很少的人可以对火免疫。

南森·库克是马里兰的一个铁匠，他能够脚踩炙热的金属，也能口含熔状的铅直至其在口中凝固，还能手握火红的煤炭。并且他的皮肤灵敏异常，从不会留下任何烧痕。这是一种心灵控制物质的能力，还是经过多年控火，他的皮肤已经能抵抗灼烧带来的痛觉？

与此相应，有些控火者可以触发并控制火焰。伍德胡德可以对着一块手帕吹气而将其点燃。或许用意念控火或者用手生火会来得更快，但那些只不过是小说中的幻想罢了。

生物发光

令人惊奇的是，往往身体发光的都是病人。安娜·莫纳诺身患哮喘，几个星期后每当她睡觉时，她的胸口就会发出蓝辉光。在赫里沃德·卡林顿的《死亡：原因和现象》一书中记录过一个因患严重的消化不良而死的男孩，其尸体也会辐射蓝辉光。

萤火虫现象的案例至今也没有多少，日本的研究者发现人体会发光。我们身体所发的光比肉眼能见的低1000倍。人体光在一天内会有周期性波动，这使我们在下午时候最闪亮，而在晚上的时候最黯淡。

探测术

早在15世纪就有探测术了。占卜探测者从不需要科学仪器，依仗一根探测杖便可测出地下的水源、金属，或者其他物质。有这

样一种说法，探测者有着对磁场的敏感或者可以形成一种超感官知觉，而探测杖帮助探测者用手放大这种无形的磁场运动感觉。

另一种对此现象的解释是对自然进行测描。如果一个探测者可以对其周边的蛛丝马迹有所察觉，那么他们的手就会下意识地有了动作，这样就导致了探测杖抖动倾斜以暗示周边有贵重物品。大多数的探测者对探测的前前后后都无法给出个清楚的说明，但是他们成功探测的历史都有好几个世纪了。

生物电

早在19世纪就出现过一些身负电荷或电磁的人，他们周边的事物都会被古怪的电磁效应所影响。有一些人甚至对电子产品有过敏反应，当他周边有发出很大磁场或者电荷的电子设备时就会坐立难安。

还有一些案例是关于身带电量过度的人，他们仅仅手持灯泡就可以让它变亮。还有一些对自己的电能没有任何方法进行控制，会直接烧掉保险丝。更甚者会发出连续不断的静电流，足以对旁人造成伤害。

心灵感应

关于心灵感应的奇闻轶事有很多，那么科学对此有何研究呢？

甘兹菲尔德实验很经典。自称有心灵感应能力的人被要求躺下，然后集中注意力来听白噪音以清神净脑。白噪音是一种功率频谱密度为常数的随机信号或随机过程。

换句话说，此信号在各个频段上的功率是一样的，由于白光是由各种颜色的单色光混合而成，因而此信号的这种具有平坦功率谱的性质被称作是白色的，此信号也因此被称作白噪声。

一个在其他房间的观察者，试图用意念来将其观察的一幅图片发送给心灵感应者。接着，心灵感应者被要求从4幅图片中选择一幅他们脑中所感应到的。评估者预测会有25%的精确率，但事实上精确率达到了令人讶异的35%。这个比例虽然不比统计学上的理论数据高出很多，但是它或许揭示了心灵感应的确存在。

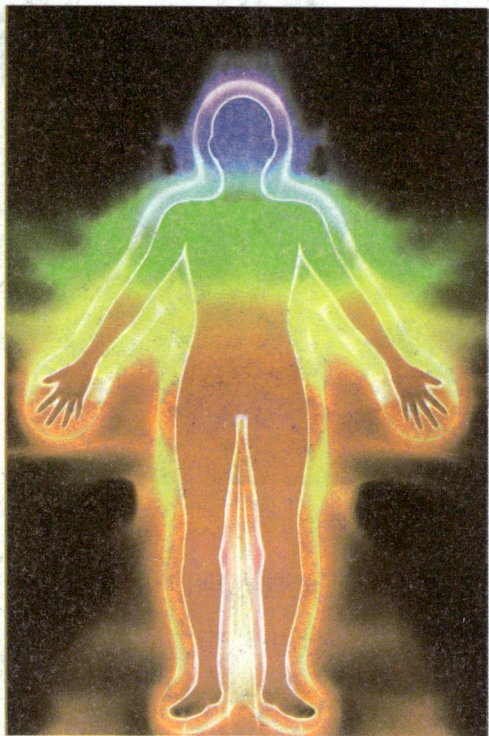

预言术

德尔菲神谕是古希腊非常有名的预言，在德尔斐城的阿波罗神庙里，女祭司皮提亚在进入一种类似昏迷的催眠通神状态后，由别人提问题，而她作出对未来事件的预测。

诺查丹马斯能够预言未来。他生于1503年12月14的法国，死于1566年7月2日。他是一位医生，而且更以卓越的占星学才华出名，法国人对他十分信服仰慕。

连法王亨利二世都召请入宫，请他为国家预言吉凶祸福。5年之后，他离开宫廷，来到了沙隆，花了4年的时间完成一本名著《诸世纪》。诺查丹马斯有着一系列的预言，有很多是解读了具体的事件：伦敦的大火和阿道夫·希特勒的出人头地。

历史被那些可以预言的人搞得满目疮痍。有些人可以幻想出前世今生，有些人可以做梦预言，有些需要借助仪式来预言，还有些人随便地胡乱预言。也许你自己就有这种亲身体会，当你想到你的某一位密友时，几秒后他就来电话找你了！这是预言的一种还是一个巧合呢？

延 伸 阅 读

1756年，一位名叫莱顿弗洛斯特的科学家在一把烧得通红的铁勺上滴上一滴水珠，水珠竟然悬浮起来并持续30秒，这就是现代物理学中著名的"莱顿弗洛斯特现象"。水珠接触炙热的铁勺后，水滴底部立即形成一层水蒸气，把水珠与铁勺隔开，就使得水滴悬浮起来。

法老咒语显灵了吗

法老的咒语

在埃及金字塔幽深的墓道里，刻着一段庄重威严的咒语：谁打扰了法老的安宁，死神的翅膀就将降临在他头上。人们曾以为，把这种咒语刻在墓道上，不过是想吓唬那些盗墓者，使法老墓中财宝免遭洗劫。

随着近代考古学的兴起，众多西方学者和探险家前来埃及发掘古迹，他们也没有把这当回事。然而一个多世纪以来陆续发生的情况，让那些胆大妄为的人们不得不在咒语面前感到畏惧。

　　进入法老墓中的人，无论是探险家还是盗墓者，绝大多数不久便染上不治之症或因意外事故，莫名其妙地死去。因此人们不得不怀疑：这是法老的咒语显灵了。

离奇死亡

　　57岁的卡纳冯爵士，身体一直很好。但那天他的左颊突然被蚊子叮了一口，这小小的伤口竟使他受感染患了急性肺炎，以至要了他的命。而据说后来检验法老木乃伊的医生报告说，木乃伊左颊下也有个伤疤，与卡纳冯被蚊子叮咬处疤痕的位置完全相同。

　　考古学家莫瑟，曾推倒墓内一堵墙壁，从而找到图坦卡门木乃伊。不久他患了一种神经错乱的怪病，痛苦地死去。

　　埃及开罗博物馆馆长米盖尔·梅赫莱尔负责指挥工人从图坦卡门墓中运出文物，曾对周围的人说："我一生与埃及古墓和木乃伊打过多次交道，我不是还好好的吗？"

4个星期后，梅赫莱尔就突然去世，时年52岁。据医生诊断，他死于突发性心脏病。

至1930年底，在参与挖掘图坦卡门陵墓的人员中，已有13个人离奇死去。法老咒语显灵之说，从此不胫而走。

发现图坦卡门陵墓的卡特，自以为侥幸躲过了劫难，过着隐居的日子，不料也在1939年3月无疾而终。

1966年，法国请埃及将图坦卡门陵墓中的珍宝运往巴黎参加展览，此举已得到埃及政府同意。主管文物的穆罕默德·亚伯拉罕夜里做了一个梦：如果他批准这批文物运出埃及，他将有不测的灾难。于是他再三向上级劝阻，但力争无效，只好违心地签署同意。他离开会场后就被汽车撞倒，两天之后去世。

这些人究竟是怎么死去的

有人认为，古代埃及人可能使用病毒来对付盗墓者。1963年，开罗大学医学教授伊廷塔豪发表文章说，根据他为许多考古

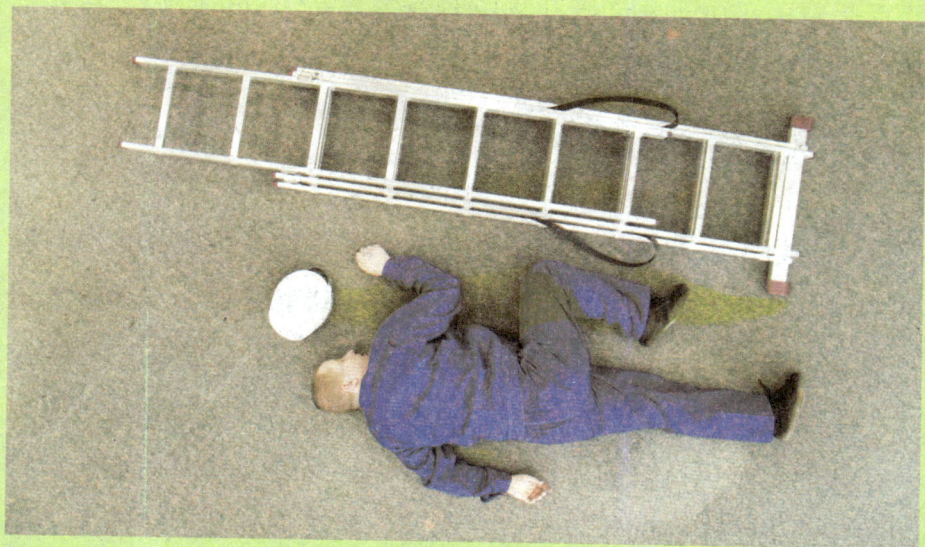

学家做的检查中发现了导致呼吸道发炎的病毒。他认为进入法老墓穴的人正是感染了这种病毒，引起肺炎而死去的。

1983年，法国菲利浦提出了又一见解。她认为致命的不是病毒而是霉菌，由于法老陪葬物中有众多食品，日久腐败，在墓穴形成众多的霉菌微尘。进入墓穴者不可避免地要吸入这种微尘，从而肺部感染，痛苦死去。

科学家的相关解释

一些科学家则认为，法老咒语来自陵墓的结构。其墓道与墓穴的设计，能产生并聚集某种特殊的磁场或能量波，从而致人于死命。但要设计出这样的结构，必然要有比现代人更高的科学技术水平。而3000多年前的古埃及人又是怎样掌握这种能力的呢？

其他观点也有自圆其说之处。若说是病毒，什么病毒能在封闭的空间中生存4000年？若说是霉菌，陵墓掘开后空气流通，霉菌微尘不久就会逸散，不可能持续多年。孰是孰非，还没有一个公认正确的答案。3000多年前法老的诅咒，还没有人能理解。

考古权威称是氡气和病菌搞的鬼

据《泰晤士报》报道，埃及古文物学会秘书长、考古学权威扎西·哈瓦斯博士正全力以赴地撰写一部新书，全面驳斥所谓的"法老咒语"。

在书中他披露道：法老陵墓中充满着一种可以致癌的氡气，在木乃伊身上寄生着一种致命的病菌孢子。

一直以来，考古界曾有人推测法老陵墓中可能存在着一种有害病菌，1999年德国微生物学家哥特哈德·克拉默果真在木乃伊身上发现了足以致命的细菌孢子，它在木乃伊身上可以寄居繁殖

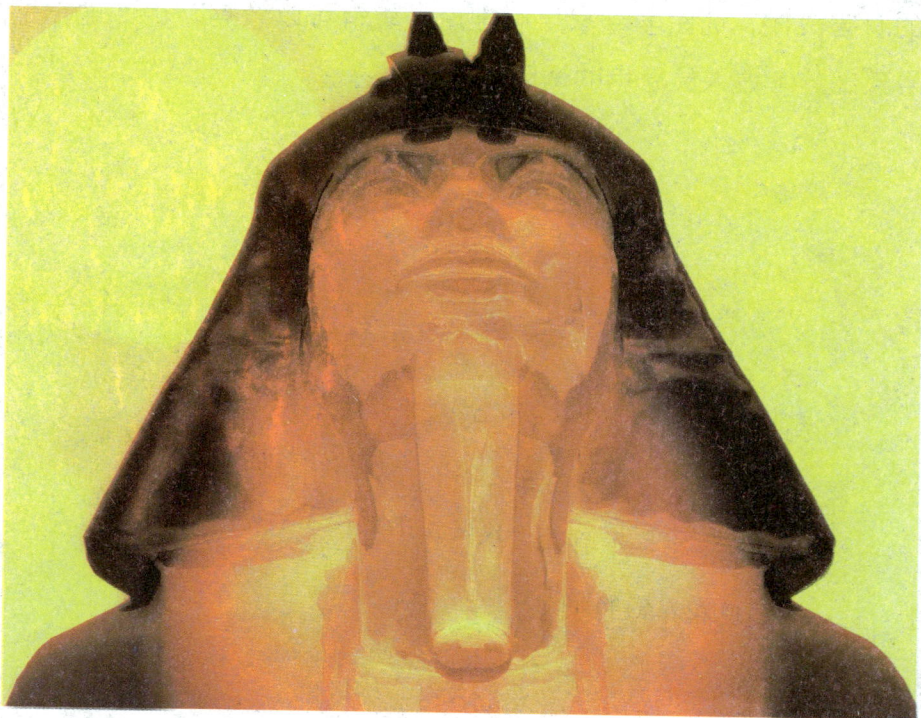

长达数个世纪之久。

在得知这一重大医学发现之后，哈瓦斯此后每次发掘陵墓时都要在墓室墙壁上钻一个通气孔，等陵墓内的腐败空气向外排放数小时之后再进入。

哈瓦斯的发掘步伐并没有停止。经过检测他发现，尼罗河谷诸法老陵墓的石灰墙内普遍充满了一种叫做氡的有害气体，而医学专家早有定论，氡气可以致癌，也许这正是导致部分考古人员患病的诱因！

延 伸 阅 读

1922年11月26日下午，英国考古学家霍华德·卡特和卡纳冯勋爵在埃及"国王之谷"一座金字塔脚下陡峭的地下通道里，第一个打开古埃及法老的陵墓，让金字塔下的秘密展现在人们的眼前。

孩童惊存前世记忆

六岁英国男童疑存有前世记忆

英国格拉斯哥市6岁小男孩卡梅伦·兰姆经常谈论他的母亲和家庭，并在纸上画他的家，即一座海滨白房子。令他的母亲诺玛寒到脊梁骨的是，卡梅伦谈的母亲不是她，而是另一个40年前的姓罗伯逊的"妈妈"；卡梅伦画的房子也不是他们现在的家，而是"前世"的位于英国巴拉岛的住宅。

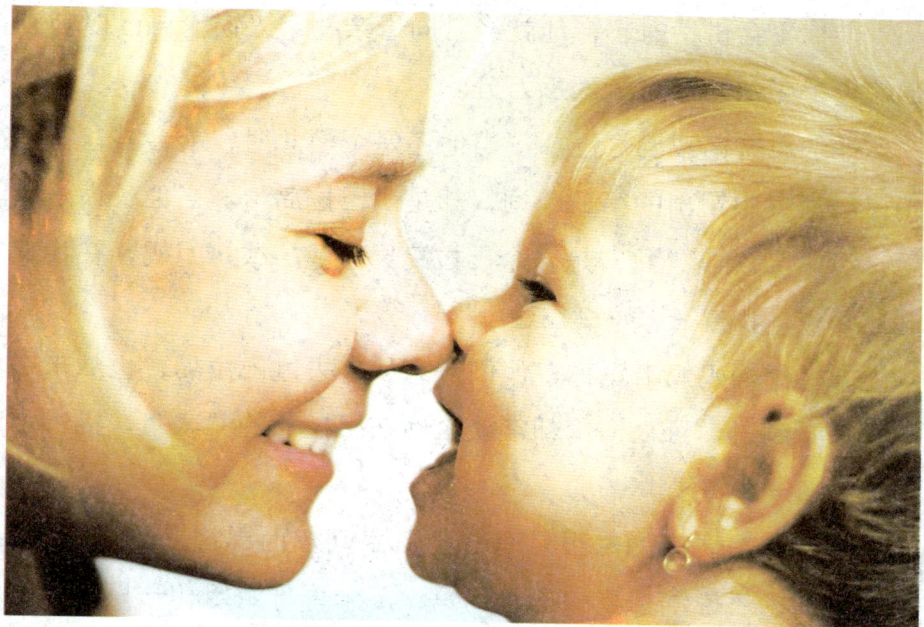

  卡梅伦会讲话时起，他就经常向母亲和家人谈论自己以前在巴拉岛的生活，让家人困惑万分。

  他的母亲诺玛回忆说："当他还是个婴儿时，就会喊爸爸妈妈，可他嘴中冒出的第三个词，却是'巴拉岛'。当他长大一点后，经常会说：'我曾是一个巴拉岛男孩。'或'妈妈，在我来这儿之前，我曾在巴拉岛住过。'"

  卡梅伦的妈妈诺玛称，他们一家从未去过巴拉岛，也从未在电视上看到过。可卡梅伦却常谈论他在巴拉岛的"家"，描述那是一座海滨白房子。

  他还抱怨现在的家里只有一个卫生间，而巴拉岛的家却有3个。卡梅伦还说："我和爸爸妈妈、三个哥哥姐姐和一只狗住在那儿，我最喜欢的地方是海滩。"

卡梅伦口中的"巴拉岛父亲"是个名叫谢恩·罗伯逊的男子。卡梅伦称记不起母亲的名字，只记得她拥有一头漂亮的黑发。

诺玛对6岁儿子心中还有"另一个母亲"感到非常震撼，她无法接受这个荒唐的事实。诺玛承认说："我10月怀胎生下了他，他是我的儿子，可他却感到自己属于另一个女人。一天我问他更爱我还是更爱他的巴拉岛妈妈，他说两个都爱……

一天，卡梅伦竟要求让他的"巴拉岛妈妈"来幼儿园接他！他哭着说："我必须去巴拉岛，我的家人想念我！"

由于卡梅伦坚持要回"巴拉岛的家"，诺玛在美国弗吉尼亚大学儿童研究专家杰姆·塔科博士的陪同下，带着卡梅伦一起飞

往了这座从未去过的小岛。

卡梅伦来到巴拉岛后，就真像回到家一样兴高采烈。诺玛带着卡梅伦坐车沿岛边寻找。

他们接到了一个电话，称当地历史学家发现，以前有一个姓罗伯逊的外地人家庭，曾在巴拉岛拥有一座度假房子，而那座度假房子就在考克莱希尔湾海边。

诺玛说："我们没有告诉卡梅伦，而是直接带他去那座房子，看他什么反应。当他看到那座白房子时，他兴奋极了，说：'我没骗你们吧，快进去和我一起玩玩具！'"

然而，当他们靠近那座房子时，兴奋的神采从卡梅伦的脸上褪了下去，原来那只是一座空房子。卡梅伦的眼中含了泪水，和母亲一起参观了这座空房子，令诺玛震惊的是，那座房子中果然有3个卫生间，从房间中能够看到海景。

卡梅伦的离奇经历已经被英国电视台拍成了纪录片《这个男孩以前活过》，对于在他身上发生的一切，目前科学家无法作出解释。

研究人员无法确定，卡梅伦的"巴拉岛记忆"真的是从"一个人"身上传到了"另一个人"的身上，还是这些"记忆"都是他幻想出来的。

　　不过，卡梅伦的母亲诺玛已经不再关心这些了，因为巴拉岛之行已经让卡梅伦获得了心灵的平静。

印度女孩的前生后世

　　上一篇故事中男孩卡梅伦似乎有前世的记忆，他能准确回忆自己在巴拉岛的一切，令许多研究者无法解释。然而一个印度名叫斯娃拉特的女，更加让人难以相信，她竟然告诉人们她曾经两次投胎，可是科学测试又表明她的大脑完全正常。

　　1948年，斯娃拉特出生在印度的盘那。她从刚会说话时起，就说自己有前世，而且还说自己的前世生活在凯蒂利。她说在她的前世里，她已经是两个儿子的母亲，丈夫姓帕沙克。

　　盘那和凯蒂利两地相距几百公里，对于斯娃拉特现在的家庭来说，没有一个人曾经到过凯蒂利，更没有人见过或听说过姓帕

沙克的人。

斯娃拉特九岁的时候，父亲耐不住她的请求，就带她到凯蒂利去看看她前世的家。到了凯蒂利后，斯娃拉特竟然不需要任何人带路，她一个人领着父亲准确地找到了帕沙克家。

斯娃拉特见到这家的男主人后告诉对方自己是比亚，男主人十分惊讶，因为他死去的妻子就叫比亚。她还准确地叫出了男主人两个儿子的名字，一个叫迈利，另一个则叫卡托。男主人的两个儿子已经十几岁了，比斯娃拉特还要大。当斯娃拉特与男主人的两个儿子独处的时候，情不自禁地流露出母亲对儿子的关爱。

更让人们吃惊的是，斯娃拉特知道帕沙克与他已经死去的妻子的一个秘密。帕沙克曾向妻子借了1000卢比急用，可是却一直没有还她。斯娃拉特说出这个秘密时，帕沙克感到十分震惊，因为这件事他们夫妇从没告诉过任何人。

发生在斯娃拉特身上的这一系列离奇的事情让所有的人都无法理解，只好求助于科学家。这件事也引起了美国维吉尼亚大学史蒂芬森教授的兴趣，他为此特地专程采访了斯

娃拉特，并对她进行了长时间的深入了解和研究。

史蒂芬教授不仅对斯娃拉特的前世情况感兴趣，对她从比亚向斯娃拉特的转化更感兴趣。

帕沙克的妻子比亚是1939年意外去世的，而斯娃拉特则出生在1948年，这中间的几年成了史蒂芬教授研究的重点。

斯娃拉特告诉他，自己死后，曾先投胎到孟加拉国的一个家庭，可惜只活了九岁就夭折了，之后就来到盘那。而且，斯娃拉特还拿出了证据，她会唱孟加拉国的乡村歌曲，并一边唱歌还一边跳舞。在盘那没有一个人能够懂得斯娃拉特的歌曲和舞蹈。

史蒂芬教授请来了几位孟加拉的教授来观看她的表演。这些孟加拉的教授懂得这些歌曲和舞蹈，并且将它们翻译和解释给史蒂芬教授。

史蒂芬教授拿着这些歌词找到了斯娃拉特所说的前世，果然是当地人喜欢的乡村歌舞。史蒂芬教授认为这是现代灵魂科学的典型案例，还将它发表在美国第26届精神学研究协会的会议专辑中。

斯娃拉特头脑清楚，并且十分聪明，她19岁时就拿到了大学工程学士，21岁拿到工程硕士学位，两年后在印度高等院校任教，成为印度最年轻的大学女教师之一。

史蒂芬教授认为这是现代灵魂科学的案例，可是却不能完全解释她转世的谜题。

延 伸 阅 读

60多年前，21岁的美国海军飞行员詹姆斯·M·胡斯顿在太平洋上空执行任务时，飞机被日军击坠。英国《每日邮报》报道，名叫詹姆斯·雷宁格的男童宣称，他的"前生"正是那名阵亡的二战飞行员。

世界四大"凶宅"之谜

四大"凶宅"

埃及"凶宅"。埃及一座高大的法老墓附近，有一座第一次世界大战时期英国军队修建的兵营。当英国士兵入住3个月后，就接连有人出现身体颤抖、口齿不清、牙齿脱落的症状，一直发展到双目失明，最后全身扭曲一团，在强烈的抽搐中发出悲惨的嘶叫声痛苦死去。

当地人认为，"凶因"是因为居住者触犯在地下已安眠几千年的尊贵无比的法老。

美国"凶宅"。还有一处有名的凶宅在美国迈阿密，那是早期白人殖民者用一种黏土以"干打垒"的方法建成的。但是最早的主人很快放弃了这座建筑。

因为他们在这里住上两个月，就会出现咳嗽、胸痛等症状并逐渐加重，夜里有被一双魔爪压住胸口、几乎窒息而死的感觉。离开这里后，症状就会很快消失。

印度"凶宅"。在印度也有这样的凶宅，并且不止一座，而是连成一片的住宅群。传说那些人在死去的时候，撕破自己的衣服，抓烂自己的皮肉，含糊不清而又声嘶力竭地呼叫着人们并不认识的人的名字。

当地人认为，死者所指的那个人是一个古老的神灵，而那片地方就是神灵的领地。

比利时"凶宅"。比利时的一座著名的凶宅只建造50余年，完全是当代文明的产物。这是建在布鲁塞尔远郊的一座现代化别墅，建成后主人搬进后不久就出现程度不同的头痛、精神恍惚。女主人甚至出现严重的精神错乱，最终因心智发疯而跳崖自杀，别的人搬出别墅后精神病状竟不治而愈。

世界上真的有"凶宅"吗

读过美国畅销小说《凶宅》的人一定会被其中惊险怪诞、扑朔迷离的情节所深深地吸引。在国外，有幽灵出没的屋子是小说家和影视作品的极好题材，同时也是旅游的一个最好去处。

我国自古以来，有关"凶宅"的传说也层出不穷，蒲松龄所著的《聊斋志异》中，有关"凶宅"的描写更是引人入胜、扣人心弦。那么，世上真有"凶宅"吗？

近百年来，有关"凶宅"是否真正存在的争论，一直是沸沸扬扬、莫衷一是。存在论者和不存在论者均拿不出让人信服的证据来证明自己的观点。

然而，现实中最令人感到费解和害怕的是尽管绝大多数"凶宅"并没有幽灵的传说，但一旦有人住进了这样的屋子里，就会大难临头，不是得了重病九死一生，就是与死神相吻一命呜呼。

是否与电磁污染有关

欧美科学家经过对"凶宅"长达数十年的科学考察，惊喜地发现：形成"凶宅"现象多半与不良的地质因素有关。

此外，还与缺乏绿化和环境污染等因素有关。其中最常见的有电磁污染、水污染和大气污染等。比如，在不少城市中的工业区内，整个地面上都是密密麻麻如蜘蛛网似的地电流穿过，以及局部性的磁力扰动，遍及面更广。

如果在这种地电流与磁力扰动交叉的地方建造住宅，便会导致对人体损害极大的电磁波，辐射到住宅内，造成居住在这里的人们产生精神恍惚、惊慌恐怖、烦躁不安和头疼脑昏以及失眠等症状。

还有，比利时布鲁塞尔远郊的那座别墅，是因为对面山丘上

有一处封闭的军事重地，那里有自第二次世界大战期间建立起来，并不断进行技术改造的一个雷达站。

雷达站发射功率极强，因三面拥立的石壁阻挡着电磁波的延伸扩散，交叉反射投向别墅，住在里面的人一天24小时几乎要接受48次电磁波的强烈震荡和"射击"。在这样恶劣的环境中，他们怎能不遭受精神损害呢？

是否与重金属、放射性元素有关

科学家们还发现，有些"凶宅"是宅基有重金属矿脉隐藏，或附近有排放有毒重金属加工厂，还有一些住宅地下有一种无色无味的放射性气体"氡"，不时向地面放射，同时通过人的呼吸

道进入并沉淀在肺组织中，破坏人的肺细胞，从而引起肺癌以及其他呼吸道方面的癌症。

是否与住宅选址有关

在我国，古人为了避免"凶宅"之祸，对住宅建筑的选址十分讲究。古人说法是："欲求住宅有数世之安，须东种桃柳，西种青榆，南种梅枣，北种奈杏。"

细究起来此种说法很有些科学道理，因为它符合植物学中树种的生理特性，如桃、柳喜欢温暖向阳，因此宜栽于宅之东；而梅树、枣树树干不干，因此宜种于宅之南；榆树的枝叶可挡住西晒太阳，故栽于宅之西最佳；而杏树不喜欢阳光，因而宜种于宅之北面。

又如，榆树与槐树树龄很长，古代大宅院，往往在外宅和内宅之间设中门，并有一天井，天井内种槐树，一方面能够绿化，另一方面也能对内宅起到了掩蔽作用，而如果再在宅后栽上常青树，更可避免深宅大院赤裸裸地暴露在外人面前。

所以，古人在民宅选址上，最重要的原则就是在住宅正门前不能种大树。用今天的科学观点来看，这里面包含着一定的科学道理：因为大树会挡住阳光的照射，使宅内阴暗无光，并会影响屋内空气流通，还极易招致雷击。

　　大树树荫很容易滋生蚊蝇，从而影响宅内主人健康；大树还能招来飞鸟，而鸟粪也会导致环境污染。

　　古人为了避免"凶宅"之祸，凭着对自然界的朴素认识，在建筑民宅选址时的目标是有"紫气东来"、能"五世其昌"的"吉宅"。

延　伸　阅　读

　　凶宅是客观上的凶宅，而非心里上的凶宅。古人就很注重房屋的结构，周围的环境等。如果房屋穿堂风很大，人长期坐在里面，肯定会头晕，如果房屋阴暗潮湿，会对人造成很大的压力，对老人小孩体质弱的人会造成干扰，凶宅并不神秘也不可怕。

奇特的人兽之情

囚徒与饿兽搏斗

在古代罗马，每逢盛大节庆日，国家竞技场都要举行规模空前的人兽角斗，由那些服刑的囚犯与饿兽进行搏斗，直到一方丧了命才罢休。自然，通常情况下获胜的只能是饿兽，囚徒不过是野兽的一顿美餐而已。

这天又是一个喜庆日。达官贵人们身穿节日的盛装，喜气洋洋地涌向竞技场。今天出场的囚徒身强体壮，然而他的对手也非同一般，它是一头饿了三天三夜的兽王狮子。由此可以想象这场恶斗会有多么扣人心弦！所以连国王也兴致勃勃地早早来到竞技场，等着一饱眼福。

皇家乐队步伐整齐地进场了，他们吹奏着《罗马进行

曲》绕场一周。随后，一队皇家卫兵齐刷刷地吹起了军号，激昂的号角声顿时响彻上空。

人们按捺不住兴奋，迫不及待地引颈张望，喧闹的场子一下子雅雀无声，只见一个身材魁梧的男子，步履坚定地走到场中。他右手紧握一柄短剑，左手提着一面盾牌，上身赤裸，古铜色的肌肤泛出一种奇异的活力。

他目光深邃，透出一股冷冷的光，漠然地注视着前方。

正在此时，一头非洲雄狮威风凛凛地冲进场内，满不在乎地瞅瞅眼前提着武器的男子，似乎在掂量眼前的猎物能不能填饱它的肚子。

男子倏地立起身子，发达的肌肉一下绷得铁紧，握着寒光闪

闪的利剑慢慢地向猛狮逼去。

周围的观众顿时骚动起来，他们正期待着出现那鲜血淋漓、人兽厮拼的场面，或是他奇迹般地把凶悍异常的对手杀死，或是成为对手的腹中之物。

狮子似乎并不急于进攻，像是在考虑对策，眼睛不住地打量对手。突然，它扬头猛吼一声，利索地向前一扑，看台前瞬时腾起一片黄雾般的沙土。待尘土消尽之时，人们看到猛狮和囚徒又对峙着，显然囚徒并不是等闲之辈。

双方又摆开了架势，步步紧逼，在场上周旋，一时谁也占不了上风。看台上观众的心被揪紧了，这样精采的场面可真是千载难逢，一场触目惊心的殊死搏斗近在眼前。

囚徒心里却暗自纳闷，别看他的对手模样凶狠，可并没有把他往死里逼，有几个回合完全可以置他于死地，它却偏偏让了过去。难道对手打算先消耗他的体力？真是头有心计的狮子！他可不想坐以待毙。

他猛然直立起身子，扬起利剑，一个箭步，直刺狮子的右腹。谁知对手早有防备，异常敏捷地掉转头来，顺势用前爪一挡，只听"哐当"一声响，短剑被击落了。观众席中一片惊呼。

等囚徒去捡，猛狮已凶猛地逼了上来。囚徒预感死期已到，干脆将盾牌丢在一边，镇定自若地闭上了眼睛。不少观众纷纷站起，那些浓妆艳抹的贵夫人发了惊恐的尖叫，用手捂住了眼睛。

然而，猛狮忽地收住了脚步，像挨了致命一击似地蹲了下来，慢慢地匍匐上前，温柔驯服地伏在囚徒的脚边，毛茸茸的脑袋摩挲着他的双脚。

囚徒与狮子的友情

囚徒猛然认出了这头狮子，泪水刷地流满了面颊，观众们全都惊呆了。席位上不知谁喊了一声，顿时全场响应，一致请求国王赦免这个囚徒。国王也被这奇特的情景感动了，决定破例给这位囚徒自由。

原来，在很多年以前，这个囚徒从奴隶主那儿逃出来，没想到竟然在沙漠里迷了路，天色暗了，他的双腿再也无力提起，便听天由命地躺倒在沙漠里，这时突然跑来了一头狮子，向他举着前爪。

他看见狮子的爪上鲜血淋漓，便为它拔出了扎在肉里的木

刺，又用衣服替它包扎了伤口。从此，他俩相依为命，朝夕相处。狮子每天外出觅食，随后带回来和他分享。直到有一次这头狮子外出以后再也没有回来。

他独自跑出了沙漠，结果又被逮住做了阶下囚，送到竞技场参加角斗。没想到竟然和老朋友在这里相逢。

这奇特的故事使观众们惊叹不已，于是获得自由的囚徒和他的老朋友一起离开了竞技场。

延 伸 阅 读

在泰国普吉岛，海啸发生当天，当巨浪直扑普吉岛的时候，一头在海滩供游客拍照的大象成了人们的救命英雄。因为大象主人在千钧一发之际，把许多小孩都抱到象背上，大象于是背着他们逃离危险的海滩，最终成功脱险。

摔不死的飞行员

飞行员机毁跳伞

1944年3月23日深夜，英国皇家空军出动飞机空袭柏林，21岁的尾炮手阿克麦德参加了这次行动。

不幸的是，飞机在返航途中被德军夜航机击中，右舷机翼严重受损，飞机立即着火。

阿克麦德打开舱门进去取降落伞，可惜太晚了，舱内一片火海。他好不容易把降落伞的背带系在身上，可降落伞已着火了。火势越来越猛，他用劲旋开炮座边上的门，不顾一切地向茫茫夜空跳去。

他刚一离机，飞机就在他的上面爆炸了。

阿克麦德脚朝下，头朝上，急速下落着。闪烁的繁星在他脚边不住地跳动，冰冷的夜风扑面而来。

他绝望地闭上了双眼等待着死神的到来。片刻之后，他突然感到天空倒转，星星飞到了脚下……

一万米高空坠落逃生

为了证实自己还活着，阿克麦德扭动了一下身子，用手摸遍了全身。天哪，除了几块严重的青肿、多处擦伤和在飞机上的烧

伤外，自己竟然奇迹般地活着。

他清楚地记得自己是从18000英尺的高空跳落的。阿克麦德此时此刻并没有为生命的幸存而惊讶，直到几个小时后，他表情上的冷淡才慢慢消失，代之而来的是一种不可抑制的欣喜若狂。

在眼睛逐渐适应了夜色之后，他站起来对自己进行了彻底的检查，结果发现脚上的两只靴子不见了，这可能是在疾速下落中让松树枝给扯掉的。

飞机制服的两个裤管被火熏黑而且撕裂了。惟独降落伞的背带还完好无损，他当时根本没有想到这根背带以后会对他的无伞降落起到证明的作用，便毫不在意地解下丢在雪地里。

阿克麦德环顾四周，只见积雪最厚的地方有1.8英尺。雪从松树林外的旷野吹来，堆积在树下，外面空旷的大地上却一点雪也没有，如果自己当时是跌落在树林里，那必死无疑。

现在他终于明白了自己之所以能死里逃生的原因：先坠落在弯曲的松树枝上，接着，从树枝上跌落下来时，拥抱他的是松软的积雪。阿克麦德试图离开树林。

可他的一只腿提不起来，他记得腿是从飞机炮座上跳离时扭伤的，他意识到，目前最要紧的是让人发现自己，就拿出系在飞行服上的哨子，连续吹了起来。

一会儿，阿克麦德听见了人声和脚步

声，手电筒光朝他脸上射来，搜捕的人是德国哨兵。

他们拿出一块大帆布，把他推到上面，像拖一袋马铃薯似地拖回营房。最后纳粹德国的秘密警察赶来了，用汽车把他送到医院。第二天上午开始审问他，德国人想知道降落伞藏在哪儿，当审问官听到阿克麦德没有使用降落伞时，不相信地大笑起来。

"那么，你们可以去找我扔在树林里的那根降落伞背带。"

德国人马上找到了那根背带，几天之后又在20英里外一架英国飞机的残骸里发现了烧坏的降落伞。当他被押到战俘集中营时，德国人把同盟国的战俘集中起来，讲述了这一不可思议的降落。后来德国当局还交给他一件证书，上面写道："经调查核实，英国人塞金特·克麦德从18000英尺的高空不用降落伞而落到地面，着陆时没有受伤。"

延 伸 阅 读

1983年夏天，以色列空军的一架F-15战斗机在一次模拟空战格斗训练中与另一架战机发生碰撞，右边机翼被整个撞掉。但飞行员没有选择弹射逃生，而是最后紧急着陆成功，飞行员安然无恙。